Terrarium

AUTOR: MANFRED AU | FOTOGRAFIN: CHRISTINE STEIMER

Inhalt

4 Faszination Terrarium

18 Mein Traumterrarium

Faszination Terrarium

Noch vor wenigen Jahren war die Haltung von Echsen, Schlangen, Schildkröten und Amphibien ein Fall für Experten. Heute ist die Terraristik auf dem besten Weg, es an Popularität mit der Aquaristik aufzunehmen. Terrarientiere findet man in jeder Zoohandlung, und in vielen Städten gibt es Kauf- und Tauschbörsen.

Warum überhaupt ein Terrarium?

Reptilien und Amphibien sind im Gegensatz zu Säugetieren und Vögeln sehr von ihrer Umgebung und den Lebensbedingungen abhängig. Sie können weder ihre Körpertemperatur noch die Feuchtigkeitsversorgung selbstständig regeln, sondern müssen Wärme und Wasser von außen zuführen.

Die Aufgaben des Terrariums

Echsen, Schildkröten, Schlangen und besonders Amphibien könnten bei freier Haltung in der Wohnung nicht überleben, da das trockene und zu kalte Raumklima ihren Ansprüchen nicht gerecht wird.

› Nahezu alle Terrarientiere sind wärmeliebend. Bei Zimmertemperaturen von 20–21 °C kommt ihr Organismus nicht auf »Betriebstemperatur«.

› Mit Ausnahme der Wüstentiere (→ Seite 30) ist das Wohlbefinden aller Terrarienbewohner von einer erhöhten Luftfeuchtigkeit abhängig.

› Nur in einem geschlossenen Haltungsbecken kann man lebende Futtertiere verfüttern, ohne zu riskieren, dass sie in Spalten und Ritzen und hinter Schränken verschwinden. Dazu gehören Insekten als Grundnahrung vieler Echsen, aber auch Mäuse und andere Kleinsäuger als Futter für Schlangen.

› Nicht zuletzt ist das Terrarium ein sicheres Refugium für die Reptilien und Amphibien selbst. Es verhindert das Entweichen und schützt die meist kleinen Tiere vor Unfällen und Verletzungen.

Lebensraum im Kleinen

Ein funktionsgerechtes Terrarium erfüllt auf begrenztem Raum die speziellen Haltungsansprüche seiner Bewohner. Und es bietet dem Terrarianer gleichzeitig die Möglichkeit, faszinierende exotische Lebensräume wie Wüste, Steppe oder Regenwald en miniature nachzubauen.

Was Sie über die Terraristik wissen sollten

Sie haben Ihr Herz für bestimmte Terrarientiere entdeckt und sich zum Kauf entschlossen. Bevor sie aber ins Haus kommen, muss ein passendes Terrarium zur Verfügung stehen, das in Größe, Bauart und Einrichtung die Bedürfnisse seiner zukünftigen Bewohner exakt erfüllt.

Das richtige Terrarium

› Anschaffungskosten. Die Preise für ein Komplett-Terrarium beginnen bei ca. 100 Euro. Abhängig von Größe, Ausstattung und speziellen Ansprüchen der Bewohner sind nach oben kaum Grenzen gesetzt. In der Regel ist auch die Anschaffung eines zweiten, kleineren Beckens empfehlenswert, das als Quarantänestation benutzt wird und zur Behandlung kranker Tiere dient.

› Laufende Kosten. Speziell Tiere aus tropischen Regionen sind an hohe Temperaturen und helles Licht gewöhnt. Die Haltung dieser Tierarten kann nicht unerhebliche Stromkosten verursachen.

Kinder sind von Reptilien und Amphibien begeistert. Da die Pflege der Terrarienbewohner nicht einfach ist, sollte sie immer den Erwachsenen vorbehalten bleiben. Das gilt besonders für Wasserschildkröten.

› Pflegeaufwand. Die meisten Terrarienbewohner müssen täglich versorgt werden. Dazu gehört Füttern, Bereitstellen von Trinkwasser und Entfernen von Essensresten und Hinterlassenschaften. Achten Sie beim Kauf des Terrariums und beim Einrichten darauf, dass sich alle Pflegehandgriffe ohne lästiges Hantieren und Umbauen vornehmen lassen.

Bitte bedenken Sie, ...

... dass viele Tierarten, die in Terrarien gehalten werden, 20, 30 oder mehr Jahre alt werden können und während dieser langen Zeit regelmäßig betreut und gepflegt werden müssen. Als Terrarianer gehen Sie eine besondere Verpflichtung ein.
... dass die Beschäftigung mit Terrarientieren Grundkenntnisse über ihre Lebensweise und ihr Verhalten voraussetzt. Ohne das nötige Wissen können Sie ihren Ansprüchen nicht gerecht werden.
... dass sich alle Familienmitglieder mit dem neuen Hobby einverstanden erklären sollten. Wer sich vor Insekten oder anderen Futtertieren ekelt, wird nur wenig Freude an der Terraristik haben. Und ein entlaufenes Heimchen kann durch sein Zirpen die Nachtruhe empfindlich stören.
... dass Ihr Terrarium auch während der Urlaubszeit betreut werden muss. Nur selten kann die Pflege ausschließlich mit technischen Hilfsmitteln erledigt werden. Kümmern Sie sich möglichst bald um eine geeignete Urlaubsvertretung oder fragen Sie Ihren Zoofachhändler, ob er die Betreuung übernimmt.
... dass die Versorgung der Tiere und die Reinigung des Terrariums schon jetzt geregelt werden sollten. Kindern kann man diese Aufgaben nicht eigenverantwortlich übertragen; Terrarientiere sind kein Spielzeug und eignen sich nicht als Kuscheltiere. Darüber hinaus birgt das Hantieren mit den elektrischen Geräten immer ein gewisses Risiko.

Infos und Tipps **für Einsteiger**

TIPPS VOM TERRARIEN-EXPERTEN
Manfred Au

KENNENLERNEN Informationen über Terrarientiere und detaillierte Beschreibungen finden Sie in der Fachliteratur und im Internet. Im Zoofachhandel und über die Terrarienvereine erhalten Sie Anregungen und Tipps und können sich die Tierarten Ihrer Wahl auch vor Ort anschauen.

TESTLAUF Richten Sie das Terrarium vor dem Kauf der Tiere ein, und machen Sie einen Probelauf über mehrere Tage, um Technik und Klimaverhältnisse im Becken zu kontrollieren.

EINSTEIGERTIERE Starten Sie mit pflegeleichten Terrarientieren (→ Seite 9). Sie sind oft genauso interessant und attraktiv wie schwierige Arten.

EINE TIERART Halten Sie am Anfang nur eine einzige Tierart. So vermeiden Sie Probleme, die bei Vergesellschaftungen entstehen können.

VERTRAUENSSACHE Kaufen Sie Ihre Tiere nur in guten Zoofachgeschäften oder bei anerkannten Züchtern (→ Seite 14). Neulinge und unerfahrene Halter sind mit der Betreuung schwacher oder gar kranker Tiere überfordert.

Die richtigen Tiere für Ihr Terrarium

Alle bei uns heimischen Reptilien und Amphibien stehen unter Schutz. Obwohl in den tropischen Ländern viele Arten noch relativ häufig vorkommen, stellt die fortschreitende Zerstörung der Umwelt auch hier eine ernste Gefahr für die Bestände dar, da sich Reptilien und vor allem Amphibien kaum auf veränderte Lebensbedingungen einstellen können. Diese Entwicklung verpflichtet alle Terrarianer zu einer besonderen Verantwortung.

Fast alle jungen Wasserschildkröten, die in den Zoohandlungen angeboten werden, sind Nachzuchten.

Nachzucht oder Wildfänge?

Nachzucht Als Nachzuchten bezeichnet man Tiere, die in menschlicher Obhut nach- und aufgezogen werden und meist gut an die jeweiligen Haltungsbedingungen angepasst sind (→ Seite 14). In der Regel sind sie frei von Krankheiten und Verhaltensanomalien und – bei gewissenhafter Zucht – auch von Erbschäden. In der Terraristik gibt es zahlreiche Arbeitsgruppen und Vereinigungen, die erfolgreich Nachzuchten vermitteln. Und auch der Zoofachhandel bietet sie zunehmend häufiger an. Bei einigen Arten kommt man an Nachzuchten nicht vorbei: Bartagamen zum Beispiel dürfen schon seit Jahrzehnten nicht mehr aus ihrer australischen Heimat exportiert werden, alle bei uns lebenden Tiere sind Nachzuchten aus dem Terrarium.

Wildfänge Viele der beliebtesten Terrarientiere sind Arten, die der Natur entnommen und anschließend exportiert werden. Der Kauf dieser Tiere ist Vertrauenssache. Die Terrarienvereine (→ Adressen, Seite 62) nennen Ihnen gerne sachkundige Zoofachhändler in Ihrer Nähe.

Erfolgreich züchten

Da viele Arten im Bestand bedroht sind, haben Nachzuchten heute eine ganz besondere Bedeutung. Erfolgreiche Züchter halten ihre Tierarten getrennt und arbeiten mit einzelnen Zuchtgruppen. Nur unter diesen Bedingungen zeigen Reptilien und Amphibien auch ihr ursprüngliches Verhalten.

Dornschwänze wie dieser *Uromastyx ocellata* sind ausgesprochene Sonnenanbeter, die hohe Temperaturen brauchen.

Mit ihren attraktiven Farbvarianten gehört die Kornnatter *(Pantherophis guttatus)* zu den begehrtesten Terrarientieren.

Mindestanforderungen

Die wichtigsten Haltungsbedingungen für Terrarientiere findet man in den »Mindestanforderungen an die Haltung von Reptilien und Amphibien«. Hier sind die wichtigsten Standards für die Größe eines Terrariums, für Pflege und Klimabedingungen festgelegt. Die Anforderungen sind für alle Terrarianer in Deutschland verbindlich. Beziehen können Sie die »Mindestanforderungen« über die Geschäftsstelle der Deutschen Gesellschaft für Herpetologie und Terrarienkunde e.V. oder Sie lesen im Internet nach (DGHT → Adressen, Seite 62).

Geschützte Arten

Im Jahr 1973 wurde das Washingtoner Artenschutzabkommen (WA) für bedrohte Tier- und Pflanzenarten verabschiedet. Abhängig vom Grad ihrer Bestandsgefährdung ordnet das WA die einzelnen Arten verschiedenen Gruppen zu, für die jeweils unterschiedliche Schutzbestimmungen gelten. Für die Bundesrepublik ist das Washingtoner Artenschutzabkommen seit 1975, für die EU seit 1984 verbindlich. Nähere Informationen finden Sie auf den Internetseiten des Bundesverbandes für fachgerechten Natur- und Artenschutz e.V. und der DGHT (→ Adressen, Seite 62). Bei geschützten Arten muss ihre Herkunft nachgewiesen werden, und für die meisten Arten besteht Meldepflicht bei den zuständigen Naturschutzbehörden der Bundesländer. Dazu muss ein schriftlicher Kaufnachweis vorgelegt werden. Die Prozedur ist einfach und kostenfrei.

Terrarientiere für Einsteiger

»Anfänger-Arten« fürs Terrarium verzeihen eher einmal Fehler in der Pflege, und auch Nachzuchterfolge stellen sich schneller ein als bei anspruchsvollen Arten. Mit solchen Tieren kann man Praxiserfahrungen sammeln, die sich später bei schwierigeren Terrarienbewohnern als nützlich erweisen. Auf den Porträtseiten (→ Seite 36, 46 und 58) stelle ich Ihnen Terrarientiere vor, die leicht zu beschaffen sind und Anfänger nicht überfordern.

Was Amphibien und Reptilien brauchen

Für Amphibien und Reptilien spielen die Klimaverhältnisse ihres Lebensraums eine zentrale Rolle. Diese Ansprüche muss man auch bei der Terrarienhaltung berücksichtigen.

Umgebungstemperatur

Amphibien und Reptilien sind wechselwarme (poikilotherme) Tiere. Ihre Körpertemperatur ist von der Außentemperatur abhängig.

Temperaturfenster Reptilien bringen ihren Organismus auf »Betriebswärme«, indem sie sich in die Sonne legen. Um die Körpertemperatur zu regulieren, müssen sie von Zeit zu Zeit aber auch kühlere Plätze aufsuchen, da sie nicht schwitzen können, sondern sich nur durch Hecheln etwas Kühlung verschaffen. Wird der optimale Temperaturbereich überschritten, sterben die Tiere an Überhitzung, bei niedrigen Temperaturen sind sie kaum lebensfähig. Das Temperaturfenster der Amphibien ist noch enger. Sie meiden direktes Sonnenlicht, da ihr Körper bei hohen Temperaturen schnell austrocknet.

Geringer Nahrungsbedarf Poikilotherme Tiere kommen mit weniger Nahrung aus als die gleichwarmen (homoiothermen) Säugetiere und Vögel, die sehr viel Energie benötigen, um ihre Körpertemperatur konstant zu halten. In kargen, lebensfeindlichen Gebieten gibt es besonders viele Reptilien.

Für wechselwarme Tiere wie den Leopardgecko sind die richtige Temperatur und Luftfeuchtigkeit wichtig (oben).

Die meisten Amphibien und Reptilien ernähren sich ausschließlich von lebenden Insekten (unten).

Wärme ist wichtig Nachteile der Poikilothermie sind die extreme Abhängigkeit von der Umgebungstemperatur und die eingeschränkte Leistungsfähigkeit bei kühlen Temperaturen. In den Tropen sind Amphibien und Reptilien weit verbreitet, in den gemäßigten und kalten Regionen ist ihre Artenzahl gering. Überleben können hier nur Arten, die sich diesen Bedingungen speziell angepasst haben.

Wasser und Luftfeuchtigkeit

Die meisten Amphibien sind ans Wasser gebunden oder von hoher Luftfeuchtigkeit abhängig. Ihre Haut bietet keinen Schutz vor Feuchtigkeitsverlust und starker Sonneneinstrahlung. Die ebenfalls sehr empfindlichen Eier entwickeln sich nur im Wasser. Reptilien sind viel unabhängiger vom Wasser. Ihre robuste Haut schützt vor Feuchtigkeitsverlust, Hitze und Verletzung. Die Eier besitzen eine derbe Schale und werden in der Erde abgelegt.

Licht

Reptilien und Amphibien bewohnen Lebensräume mit ganz unterschiedlichen Lichtverhältnissen. Die Arten der Savanne sind an die starke Helligkeit angepasst, Waldbewohner leben vornehmlich in einer Schattenwelt. Viele Geckos und Frösche meiden das Tageslicht sogar ganz und sind nachtaktiv. Bei Tierarten, die in Gebieten mit ausgeprägten Jahreszeiten heimisch sind, bestimmen Helligkeitsdauer und Lichtintensität die Tages- und Jahresrhythmik sowie das Fortpflanzungsverhalten. Besonders für Amphibien haben die Trocken- und Regenzeiten der tropischen Regionen eine regelnde Funktion. Die UV-Strahlen des Sonnenlichts sind sowohl für viele Reptilien wie auch Amphibien von großer Bedeutung, da sie die Bildung des für den Knochenbau wichtigen Vitamin D_3 anregen.

Sobald Dornschwänze *(Uromastyx ocellata)* ausgewachsen sind, leben sie in der Regel nur noch von vegetarischer Kost.

Lebensräume

Aus welchem Lebensraum stammen meine Tiere? Für die artgerechte Haltung im Terrarium ist das die entscheidende Frage: Im Wüstenterrarium würde sich eine Baum bewohnende Art in die Ecke kauern, weil sie sich vor der unstrukturierten Freifläche ängstigt, und mit den Klimabedingungen würde sie überhaupt nicht zurechtkommen. Am Boden lebende Tiere wiederum könnten die Klettermöglichkeiten eines Regenwaldterrariums nicht nutzen. Dabei genügt es nicht zu wissen, ob eine Tierart am Äquator oder in anderen tropischen Regionen zu Hause ist. Auch am Äquator gibt es klimatisch sehr unterschiedliche Lebensräume, in Ostafrika zum Beispiel sowohl Steppe als auch Gebirgszonen; im Lebensraum der montanen Chamäleons kann es sogar schneien. Und in Westafrika findet man auf gleicher geographischer Breite Regenwälder.

Kleine Terrarienkunde

Art und Anzahl der Tiere bestimmen die Wahl des Terrariums. Mit dieser Abfolge glückt der Start ins Terrarienleben: Informieren Sie sich eingehend über Ihre Wunschtiere und deren Haltungsansprüche. Planen und kaufen Sie danach das passende Terrarium, richten Sie es ein und installieren Sie Heizung und Beleuchtung. Ein mehrtägiger Probelauf gibt Aufschluss, ob alles funktioniert. Erst dann dürfen die neuen Bewohner einziehen.

Der richtige Terrarienstandort

In der Nähe des Menschen Das Terrarium sollte dort stehen, wo Sie sich die meiste Zeit aufhalten und die Tiere gut beobachten können. Eine ruhige Zimmerecke vermittelt den Bewohnern ein Gefühl der Sicherheit. In einem Raum, der nur selten betreten wird, bleiben sie scheu, und in unruhiger Umgebung dauert die Eingewöhnung sehr lange.

Keine Sonne Auf keinen Fall darf das Terrarium direkt der Sonne ausgesetzt sein, da es sich sehr schnell aufheizt. Selbst Terrarientiere aus den Tropen würden diese extreme Hitze nicht überleben.

Aufstellhöhe Stellen Sie das Terrarium so auf, dass Sie seine Bewohner von Ihrem Sitzplatz jederzeit gut beobachten können – am besten also in Tischhöhe. Legen Sie unter das Becken eine Dämmmatte aus Kunststoff. Sie verhindert Spannungen im Glas und dämpft Vibrationen.

Glas- oder Holzterrarium?

Die weitaus meisten Terrarien werden heute aus Glas gefertigt, Holzterrarien hingegen findet man im Fachhandel nur selten. Beide Materialien haben Vor- und Nachteile.

Glasterrarien In Standardgrößen in fast jeder Zoohandlung erhältlich. Glasterrarien lassen sich sehr gut in einen Wohnraum integrieren, sie sind leicht zu säubern und zu desinfizieren. Nachteile: ab einer bestimmten Größe und als Sonderanfertigung teuer und schwer, das fertige Becken kann kaum weiterverarbeitet werden, und das Risiko eines Glasbruchs ist nie ganz auszuschließen.

Holzterrarien Der Werkstoff Holz lässt sich leicht be- und verarbeiten, auch sehr große Holzterrarien sind noch relativ preisgünstig, Eigenbau ist einfach. Nachteile: weniger attraktiv als Glas, begrenzte Modellpalette im Handel, leicht brennbar und nur bedingt wasserfest.

Bauart und Einrichtung

Die Bauart des Terrariums richtet sich nach seinen Bewohnern: Baumlebende Tiere brauchen hohe Terrarien, Bodenbewohner eine möglichst große Grundfläche. Der begrenzte Bewegungsraum lässt sich durch geschickte Gestaltung erheblich vergrößern, zum Beispiel mit einer zweiten Etage oder Rück- und Seitenwänden, die man als nur mäßig steile Kletterwände anlegt. Die Laufflächen sollten nicht mit zu viel Inventar zugestellt werden. In einem Waldterrarium erhöhen Kletteräste und mit Korkplatten beklebte Wände den nutzbaren Raum.

Bepflanzung

Ein sorgfältig bepflanztes Terrarium wirkt sehr natürlich. Die Pflanzen sorgen für ein gesundes Mikroklima, das vor allem für Amphibien wichtig ist. Bei Pflanzen fressenden Reptilien muss alles Grün unerreichbar sein, und giftige Gewächse sind absolut

1 Standardterrarium für kletternde Arten mit besonders effektiver Lüftung aus Drahtgaze. Das Drahtgeflecht bietet viel Platz für Lampen und Strahler.

2 Einfaches Terrarium mit einem eingeklebten Wasserausstieg für kleine Wasserschildkröten. Land- und Wasserteil sind vollständig voneinander getrennt.

3 Terrarium für kleine Frösche mit Ablaufbohrung im Wasserteil und dichter Lüftungsgaze, die das Entweichen der Futterfliegen *(Drosophila)* verhindert.

4 Für die ersten Lebenswochen reicht ein kleines, einfach eingerichtetes Terrarium aus, in dem die noch ungeschickten Jungtiere genügend Futter finden.

tabu. Wer nicht auf schöne Pflanzen verzichten will, kann ein zweites, schmales Becken so hinter dem Hauptterrarium platzieren, dass die Bepflanzung einen attraktiven Hintergrund bildet. Als reine Gestaltungselemente eignen sich auch Kunststoffpflanzen. Im Aquaterrarium haben Wasserpflanzen eine wichtige Funktion, da sie Schad- und Giftstoffe binden und das Wasser reinigen.

Verstecke und Sonnenplätze

Wenn es für Terrarienbewohner, die gerne Wärme tanken, gleich mehrere Sonnenplätze gibt, lässt sich Streit vermeiden. Ebenfalls unerlässlich sind Verstecke, in die sich viele Reptilien und Amphibien regelmäßig zurückziehen.

Spezialterrarien

Für Chamäleons Im Chamäleon-Terrarium ist eine effektive Lüftung wichtig. Mindestens eine Beckenseite und die Abdeckung bestehen ganz aus Gaze.

Für kleine Frösche Alle Lüftungen müssen so dicht sein, dass keine Futterfliegen *(Drosophila)* entweichen können. Eingeplant werden sollten eine eingeklebte kleine Wasserstelle und ein Abfluss.

Für Wühler Bei Terrarienbewohnern, die sich im Bodengrund verstecken, muss die Fronttür weit oben sitzen, damit eine genügend hohe Substratschicht eingefüllt werden kann.

Quarantänebecken Kleines, aber vollständig eingerichtetes Becken für Quarantänemaßnahmen und zur Behandlung kranker Tiere.

Transportterrarium Kleines Kunststoffterrarium, das zum Transport der Tiere in eine lichtdichte und isolierende Styroporbox gesetzt wird.

Freilandterrarium Im Sommer kann man viele Reptilien für Stunden, zum Teil auch über Wochen und Monate im Freien halten. Das Terrarium muss so sicher sein, dass die Tiere nicht ausbrechen oder es untergraben können, gleichzeitig aber vor Eindringlingen wie etwa Katzen geschützt sind.

Wichtige Kaufentscheidungen

Beim Kauf der neuen Terrarienbewohner sind eine Reihe von Faktoren entscheidend: Was spricht für Nachzuchten, was für Wildfänge? Will ich Einzeltiere oder eine Gruppe halten? Darf ich mich als Anfänger auch schon an anspruchsvolle Arten wagen?

Tierkauf ist Vertrauenssache

Ob Sie Ihre Tiere beim Händler oder einem privaten Züchter kaufen, ist letztlich nicht entscheidend. Wichtig ist vielmehr, dass Ihnen der Verkäufer gesunde Tiere anbietet, dass er über die nötige Sachkunde verfügt und Ihnen auch nach dem Kauf mit Infos und Tipps behilflich ist. Vor allem für Einsteiger ist erfahrungsgemäß der Verkäufer die erste und wichtigste Anlaufstelle, wenn es Probleme gibt.

› Örtliche Terrarienvereine und andere Terrarianer helfen Ihnen gerne bei der Suche nach einem vertrauenswürdigen Verkäufer. Auch ein Blick auf die einschlägigen Internetseiten kann nützlich sein.

Mit welchen Tieren anfangen?

› Nachgezüchtete Tiere (→ Seite 8) sind relativ unproblematisch. Sie kommen mit den Bedingungen im Terrarium bestens zurecht und akzeptieren die gängigen Futtersorten. Leider werden von vielen Terrarienarten kaum Nachzuchten angeboten; entweder ist die Aufzucht schwierig oder der finanzielle Aufwand zahlt sich nicht aus. In der Regel sind Nachzuchten frei von Krankheiten. Die häufiger nachgezüchteten Arten werden heute nicht nur von Züchtern, sondern zunehmend auch im Fachhandel angeboten.

› Die meisten wild gefangenen Terrarientiere sind mittelgroße oder große Exemplare. Sie sind oft schöner und kräftiger gefärbt als die Nachzuchten. Die Zucht mit Wildfängen vermeidet Inzuchtprobleme. Einige Großhändler beschäftigen heute eigene Tierärzte, die jedes importierte Tier untersuchen und nötigenfalls behandeln.

Rotkehlanolis *(Anolis carolinensis)* sind schöne Terrarienbewohner, die sich auch für Anfänger eignen.

Terrarienhaltung verpflichtet

Nicht solo halten Als Terrarianer sollten Sie auf Dauer keine Einzeltiere halten. Viele Reptilien und Amphibien sind im Bestand bedroht. Durch gezielte Nachzucht können diese Arten für die Terraristik erhalten werden. Darüber hinaus lassen sich eigene Nachzuchten meist sehr gut gegen andere Arten tauschen, man wird unabhängiger von Importen und kann jederzeit auf eine stabile Terrarienpopulation zurückgreifen.

Richtig planen Einzelgängerische Arten suchen nur zur Paarungszeit die Nähe von Artgenossen, andere leben ganzjährig in Gruppen. Diese Grundbedürfnisse muss man bei der Vorplanung berücksichtigen: Für die Einzelgänger plant man gleich ein zweites Terrarium ein, während das Domzil für gesellig lebende Arten genügend Platz bieten muss, um mehrere Tiere artgerecht zu halten.

Tipp für Einsteiger Terrarianer ohne Erfahrung starten am besten mit einem einzelnen Tier. Damit werden Probleme ausgeschlossen, die bei der Haltung mehrerer Tiere auftreten können. Der neue Terrarienbesitzer hat Zeit, sich mit den grundlegenden Aspekten der Terraristik vertraut zu machen und die Ansprüche und das Verhalten seines Pfleglings kennenzulernen. Läuft alles planmäßig und ohne Probleme, sollten aber schon nach einigen Wochen weitere Artgenossen dazukommen.

Keine Artengemeinschaft

Grundsätzlich sollte jede Reptilien- oder Amphibienart in einem eigenen Terrarium gehalten werden. Alle erfolgreichen Halter und Züchter verfahren auf diese Weise, weil sich nur so die bestmöglichen Haltungsbedingungen erreichen lassen. Leben hingegen mehrere Arten in einem Terrarium, muss man allen gerecht werden und kann die einzelnen Arten nicht gezielt fördern. Viele Neu-Terrarianer schwärmen von einem »Gemeinschaftsterrarium« analog zum Gemeinschaftsaquarium. Das geht fast immer schief, weil sie mit den unterschiedlichen Arten überfordert sind. Die gemeinsame Haltung mehrerer Arten ist die Ausnahme, sie erfordert sehr viel Erfahrung und sehr große Terrarien.

Mit Bartagamen *(Pogona vitticeps)* kommen auch weniger erfahrene Halter zurecht. Die Echsen werden schnell zutraulich und sind leicht zu pflegen.

Erfahrungen sammeln

Terrarienarten für Anfänger sind nicht weniger attraktiv und interessant als anspruchsvolle Arten, stellen den unerfahrenen Halter aber nicht vor unlösbare Probleme. Im Umgang mit »einfachen« Arten kann man sich alle Aspekte der Pflege und auch der Zucht schnell und praxisnah aneignen. Wer sich gleich an schwierigen Arten beweisen will, muss mit Misserfolgen rechnen und verliert oft schnell die Lust am neuen Hobby.

Eingewöhnung

Wenn die neuen Bewohner in das vorbereitete Terrarium einziehen, müssen sie sich an die fremde Umgebung gewöhnen. Die Eindrücke von Fang, Transport und Umsetzen sind noch sehr frisch und sorgen dafür, dass sich die Tiere scheu und ängstlich verhalten. Bis sie gelernt haben, dass ihnen in der neuen Umgebung keine Gefahr droht, können – je nach Art – einige Tage, aber durchaus auch mehrere Wochen vergehen.

Leichter eingewöhnen

› Richten Sie das Terrarium vor Einsetzen der Tiere vollständig ein. Es muss voll funktionsfähig sein.

› Hantieren Sie möglichst wenig im oder am Becken, weil das die Eingewöhnung erschwert.

› Prüfen Sie regelmäßig Temperatur, Luftfeuchtigkeit, Beleuchtungsstärke und -dauer. Nur wenn alle Werte stimmen, fühlen sich die Tiere wohl.

› Sorgen Sie für genügend Versteck- und Rückzugsmöglichkeiten im Terrarium, um den Bewohnern ein Gefühl der Sicherheit zu vermitteln.

Händewaschen nicht vergessen!

SAUBERKEIT IST WICHTIG Händewaschen nach dem Hantieren im Terrarium, und nach Kontakt mit den Tieren schützt vor übertragbaren Krankheiten.

DESINFEKTION Sind Tiere erkrankt, sollte man die Hände nach dem Kontakt desinfizieren.

AUF NUMMER SICHER Hände reinigen, bevor Sie von einem ins andere Terrarium fassen.

› Vor allem während der ersten Wochen sollte es rund ums Terrarium ruhig zugehen: keine abrupten Bewegungen und keine lauten Geräusche. Anfangs verfolgen die Terrarientiere jede Bewegung im Umfeld des Beckens, später werden sie kaum noch Notiz davon nehmen.

Genau beobachten

Solange noch alles neu und nicht Routine ist, sollten Sie sich die Zeit nehmen, Ihre Tiere mehrmals täglich in Ruhe zu beobachten. Achten Sie dabei vor allem auf folgende Punkte: Sind alle Terrarienbewohner zu sehen oder verstecken sich einige? Verhalten Sie sich normal oder gibt es auffällige Veränderungen? Nehmen sie das Futter an, und entwickeln sie einen guten Appetit? Werden einzelne Tiere verfolgt oder unterdrückt?

Regelmäßig reinigen

Neben der Versorgung der Bewohner mit Futter und Trinkwasser gehört die Reinigung des Terrariums zu den täglichen Pflegemaßnahmen. Futterreste, tote Futtertiere und Kot sollten möglichst sofort entfernt werden. Futter- und Wasserschalen müssen täglich gereinigt werden, da sich hier besonders schnell Krankheitskeime ansiedeln können. Die Schälchen im Abstand von vier Wochen desinfizieren.

Der Rotaugenlaubfrosch *(Agalychnis callidryas)* zeigt seine leuchtenden Farben nur in der Nacht. Den Tag verschläft er gut getarnt. Seine Haltung ist einfach, die Zucht hingegen schwieriger.

Mein Traumterrarium

Zwei Kriterien sollte Ihr neues Terrarium erfüllen: den natürlichen Lebensraum seiner Bewohner so gut wie möglich widerspiegeln und gestalterisch eine attraktive Einheit bilden. Technisch gibt es dabei kaum noch Grenzen, nahezu alle Vorstellungen lassen sich heute dank elektrischer Helfer und perfekter Deko realisieren.

So finden Sie das richtige Terrarium

Konfigurieren Sie Ihr Wunschterrarium schon vor dem Kauf oder Eigenbau, indem Sie alle wichtigen Punkte auflisten. Dazu gehören Bauart (Glas, Holz), Abmessungen, Form, Technik und Standort.

Terrarien-Checkliste

Basis jeder Planung sind die künftigen Terrarienbewohner. Nach ihren Ansprüchen richten sich Größe, Form und Einrichtung des Beckens wie auch Beleuchtung und Heizung.

› Beckengröße. Für ein anspruchsvolles Terrarium sollten die »Mindestanforderungen zur Haltung von Reptilien und Amphibien« (→ Adressen, Seite 62) deutlich übertroffen werden.

› Gestaltung. Es gibt zwei sehr unterschiedliche Gestaltungsmöglichkeiten: ein rein zweckmäßig eingerichtetes Zuchtbecken und das aufwendig gestaltete Lebensraumterrarium.

› Technik. Die technische Ausstattung ist von der Größe des Terrariums und vom Tierbesatz abhängig – und damit auch vom Lebensraumtypus bzw. den erforderlichen Zuchtbedingungen.

Infos und Tipps

› Beispielterrarium. Am besten klappt der Einstieg, wenn man sich an einem vorhandenen Terrarium orientiert. Dabei ist es nicht entscheidend, ob etwa asiatische Agamen zwischen südamerikanischen Bromelien herumlaufen; wichtig ist nur, dass Tiere und Pflanzen dieselben Ansprüche stellen.

› Infos und Tipps. Alles Wissenswerte über die häufigsten Reptilien- und Amphibienarten erfahren Sie in guten Zoofachgeschäften. Haltungs- und Zuchtberichte finden Sie auch in der Fachliteratur.

› Ihr Fachhändler berät Sie bei der Auswahl der Einrichtung und Technik.

Das Terrarien-Einmaleins

Terrarien gibt es aus Glas, Holz und Kunststoff. Jede Bauart hat ihre Vor- und Nachteile. Sowohl beim Fertigterrarium wie beim selbst gebauten Becken haben Sicherheit und gute Lüftung oberste Priorität.

Glas, Holz und Kunststoff

Glasterrarium Die meisten im Fachhandel oder Internet angebotenen Terrarien bestehen aus Glas.

› Vorteile: Ein Glasterrarium kann problemlos gereinigt und desinfiziert werden. Es ist wasserdicht, bietet ungehinderten Einblick von allen Seiten und wirkt ausgesprochen elegant. Modelle mit Standardmaßen sind preisgünstig und in großer Auswahl in fast jeder Zoohandlung zu bekommen.

› Nachteile: Die Bruchgefahr kann nie ganz ausgeschlossen werden; nachträglicher Umbau ist kaum möglich. Sehr große Glasterrarien sind schwer und teuer, Sonderabmessungen werden kaum angeboten. Der Selbstbau setzt Erfahrung und Geschick voraus und ist nicht billig.

Holzterrarium Terrarien aus Holz findet man in den Zoofachgeschäften nur selten. Beim Eigenbau hingegen ist Holz das Material der Wahl.

› Vorteile: Mit Holz kann man ein Terrarium ohne große handwerkliche Vorkenntnisse selbst bauen. Nachträgliche Umbauten sind kein Problem, und auch sehr große Terrarien schonen den Geldbeutel.

› Nachteile: Der Werkstoff Holz muss vor Feuchtigkeit und Wasser geschützt werden und eignet sich in erster Linie für Trockenterrarien. Holz leitet die Wärme schlecht und kann sich entzünden. Eine im Becken verlegte Bodenheizung erhöht das Brandrisiko. Nicht zuletzt wirken Holzwände rustikal und sind ästhetisch weniger ansprechend als Glas.

Kunststoffterrarium Kunststoff hat sich bei den Terrarien noch nicht durchgesetzt und ist fast nur über Bezugsquellen im Internet erhältlich.

› Vorteile: Kunststoff lässt sich gut sauber halten und desinfizieren, er ist sehr leicht, unempfindlich gegen Feuchtigkeit und wasserdicht. Kleinere Umbauten lassen sich relativ einfach vornehmen.

› Nachteile: Terrarien aus Kunststoff sind teuer. Das Angebot ist auf wenige Standardgrößen begrenzt. Ein Eigenbau ist kaum möglich.

Wirkungsvoll lüften

Der Luftaustausch spielt für das Wohlbefinden der Terrarienbewohner eine große Rolle. Leider ist die Lüftung bei den meisten handelsüblichen Terrarien zu klein. Aus Drahtgaze sollten ein schmaler Streifen im unteren Bereich der Frontseite und mindestens die Hälfte der Abdeckung bestehen. Gaze eignet sich besser als Lochblech, da sie einen wesentlich effektiveren Luftaustausch ermöglicht.

Sicherheit geht vor

Aus Sicherheitsgründen sollten stromführende Geräte möglichst außerhalb des Terrariums angebracht werden, ganz besonders bei Feuchtterrarien. Ansonsten können hohe Luftfeuchtigkeit und das Versprühen von Wasser zu Kurzschlüssen, Bränden und ähnlich gefährlichen Unfällen führen. Relativ oft ziehen sich Terrarientiere Verbrennungen beim Kontakt mit heißen Strahlern zu. UV-Lampen und Wärmestrahler können nicht über der Glasscheibe angebracht werden, weil sie dort keine Wirkung mehr haben. Der richtige und sichere Platz ist über der Drahtgaze der Abdeckung.

Fertigterrarien nach Maß

Ein nach den eigenen Wunschmaßen gefertigtes Terrarium ist teurer als ein Standardbecken, doch der finanzielle Mehraufwand lohnt sich in der Regel. Von Beginn an eingeplant werden können Wasserbecken mit Ablassventil, Trennscheiben, Düsen für Sprühanlagen und bei Aquaterrarien eine Landzone. Nachträgliche Installationen sind meist nicht mehr möglich.

Lohnt sich der Selbstbau?

Viele Terrarianer bauen ihr Terrarium selbst.

› Vorteile: Vor allem ein großes Holzbecken ist im Selbstbau preisgünstiger als aus dem Fachhandel. Mehr als die Kosten zählt für Terrarienfreunde, dass sie ihre eigenen Vorstellungen gezielt umsetzen können. Und nicht zuletzt macht das Entwerfen, Ausprobieren und Bauen jede Menge Spaß.

› Nachteile: Bei kleinen und Standardterrarien lohnt sich der Eigenbau nicht, da man die Becken in jeder Zoohandlung zu günstigen Preisen erhält. Bei Glasterrarien ist der Eigenbau selten günstiger als der Fertigkauf. Einzelscheiben muss man beim Glaser kaufen, was oft teurer kommt als ein fertig gekauftes Terrarium. Darüber hinaus kann dickes Glas nur vom Fachmann zugeschnitten werden, große Glasterrarien muss man vor Ort aufbauen, weil sie zu schwer für den Transport sind.

Schöner Rücken

Eine attraktive Terrarienrückwand ist nicht nur etwas fürs Auge, sie vergrößert auch den Bewegungsraum der Bewohner. Der Bau ist einfach, kostet aber Zeit: Aus Styropor bastelt man sich ein Grundgerüst, das mit Montageschaum ausgeschäumt und mit Strukturen versehen wird. Eine Lackierung im passenden Farbton sorgt für den natürlichen Gesamteindruck.

1 Auch kleine Terrarien lassen sich mit etwas Geschick und Phantasie so gestalten, dass sie dem natürlichen Lebensraum sehr nahe kommen.

2 Die selbst gebaute und gestaltete Rückwand gibt dem Terrarium eine unverwechselbare Note und vergrößert den Bewegungsraum seiner Bewohner.

3 Die Anleitungen zum Bau der Xaximrückwand und des Epiphytenastes für dieses Terrarium für kleine Frösche finden Sie auf den Seiten 28 und 29.

4 Eine üppige Bepflanzung sorgt für ein günstiges Mikroklima im Terrarium und dämpft allzu starke Schwankungen der Temperatur und Luftfeuchtigkeit.

Die Einrichtung des Terrariums

Rückwand

MEHR RAUM Eine geschickt aufgebaute und strukturierte Rückwand (→ Seite 28) ist nicht nur ein optisches Highlight im Terrarium, sie bietet den Tieren gleichzeitig auch Aussichtspunkte und zusätzliche Klettermöglichkeiten.

Pflanzen

AKZENTE SETZEN Wenn natürliche Pflanzen angefressen werden, bieten sich Kunststoffpflanzen an: Mit ihnen kann man optische Akzente setzen, sie gliedern das Terrarium in mehrere Zonen und sind beliebte Kletterobjekte.

Wurzeln

ÄSTE, WURZELN, STEINE Wurzeln, Äste und Steine sind wichtige Gestaltungsobjekte. Sie untergliedern das Terrarium und bieten den Tieren Ruhe- und Versteckplätze. Dabei ist weniger oft mehr: Der beste optische Eindruck entsteht meist dann, wenn man nicht allzu viele unterschiedliche Steine und Hölzer miteinander kombiniert.

Bodengrund

SAND UND ERDE Der Bodengrund muss auf den Lebensraumtyp und seine Bewohner abgestimmt sein. Er gibt den Pflanztöpfen Halt und eignet sich je nach Struktur zum Scharren. Im Feuchtterrarium sorgt er für konstante Luftfeuchtigkeit. Bei starker Verschmutzung durch Kot muss er ersetzt werden.

Strahler

WÄRMESTRAHLER UND LAMPEN Strahler und UV-Lampen werden sehr heiß. Es passiert nicht selten, dass die Tiere mit den Wärmelampen in Berührung kommen und sich verbrennen. Daher sollten alle Lampen stets außerhalb des Terrariums angebracht werden.

Etagenbau

NEUES STOCKWERK Für bewegungsfreudige Bodenbewohner kann man eine zweite Etage aus verputztem Styropor einbauen. Sie vergrößert den Bewegungsraum und dient als Aussichtsplattform. Der Aufstieg erfolgt über die Terrarienrückwand oder über Äste und Wurzeln, die sich gut zum Klettern eignen.

Belüftung

FRISCHE LUFT Der Luftaustausch im Becken ist wichtig für das Wohlbefinden der Bewohner. Frischluft strömt über die untere Lüftungsfläche ein, verbrauchte Luft wird oben über die Entlüftung in der Abdeckung (Drahtgaze) nach außen geleitet.

Terrarientechnik

Licht und Wärme spielen im Terrarium eine Hauptrolle. Die Wahl der einzelnen Technikkomponenten richtet sich nach dem dargestellten Lebensraum und seinen Bewohnern.

Beleuchtung

Das Licht hat in einem Terrarium viele Funktionen: Es regelt den Tages- und Jahresablauf, erleichtert die Kommunikation der Tiere untereinander und stimuliert das Paarungsverhalten. Das UV-Licht ist wichtig für die Bildung von Vitamin D_3 und damit für den Knochenaufbau. Der Lichtbedarf kann sehr unterschiedlich sein: Tagaktive Wüstentiere brauchen extreme Helligkeit, Bewohner des Waldes bevorzugen Schattenzonen, und nachtaktive Tiere meiden das Sonnenlicht oft ganz. Eine große Rolle spielt die Beleuchtungsdauer: Tiere aus Äquatornähe leben ganzjährig im Hell-Dunkel-Rhythmus von zwölf Stunden, bei Bewohnern gemäßigter Breiten simuliert die veränderte Tageslänge den

Ein besonders schön eingerichtetes Steppenterrarium. Lampen und Strahler sind so installiert, dass sie für den Betrachter unsichtbar sind und die Terrarientiere mit ihnen nicht in Kontakt kommen können.

Jahreszeitenwechsel. Die Beleuchtung mit einem tageslichtähnlichen Spektrum fördert das Wohlbefinden der Tiere und das Wachstum der Pflanzen und lässt alles im richtigen Licht erscheinen.

› Leuchtstoffröhren zeichnen sich durch sehr gute Farbwiedergabe aus, sind preisgünstig und haben einen niedrigen Stromverbrauch.

› HQI-Strahler liefern eine hohe Lichtausbeute und bestmögliche Farbwiedergabe. Allerdings sind sie in der Anschaffung sehr teuer. HQI-Strahler geben auch Wärme ab.

› Lichtausbeute und Farbtreue der HQL-Strahler sind nur mittelmäßig. Sie eignen sich in erster Linie für mittelgroße Terrarien.

› Bei vielen tagaktiven Reptilien kann man nicht auf UV-Lampen verzichten. Das UV-Licht stärkt die Abwehrkräfte und fördert die Vitalität.

Heizung

Amphibien und Reptilien sind wechselwarm und von der Umgebungswärme abhängig. Beheizen kann man ein Terrarium mit Strahlern und Heizmatten, den Wasserteil mit Heizstäben.

› Wärmestrahler werden aus Sicherheitsgründen außerhalb des Beckens über der Lüftungsgaze installiert. Hinter Glas haben sie keine Wirkung.

› Heizmatten ergänzen die Wärmestrahler. Ausschließlich mit Heizmatten kann man lediglich ein Terrarium für Nachttiere betreiben.

› Mit Aquarienheizstäben kann man den Wasserteil im Aquaterrarium erwärmen, empfehlenswerter und sicherer sind in den Außenfilter integrierte Heizelemente. Da sich das Terrarium wegen des vergleichsweise geringen Rauminhalts schnell aufheizen kann und vor allem Amphibien sehr empfindlich auf Hitze reagieren, muss die Temperatur im Becken regelmäßig kontrolliert werden.

So **gehen Sie** auf **Nummer sicher**

TIPPS VOM TERRARIEN-EXPERTEN
Manfred Au

NUR FÜR EXPERTEN Die Elektroinstallation im Terrarium ist Sache des Fachmanns. Bei nicht sachgemäßen Arbeiten sind die Brandgefahr und das Risiko eines Stromschlags sehr hoch.

GEPRÜFTE TECHNIK Verwenden Sie für Ihr Terrarium ausschließlich hochwertige Elektrogeräte mit Prüfzeichen.

FUNKTIONSKONTROLLE Kontrollieren Sie regelmäßig die Funktion und den Zustand der Technik, und tauschen Sie beschädigte oder defekte Geräte umgehend aus.

AUSSENINSTALLATION Bringen Sie Heizungen und Lampen möglichst immer außerhalb des Beckens an, um die Risiken für Mensch und Tiere zu minimieren.

SCHUTZ VOR VERBRENNUNG Wärmestrahler im Terrarium müssen für die Bewohner unerreichbar sein, um Verbrennungen auszuschließen.

FUNKTIONSTEST Testen Sie vor dem Einsetzen der Tiere die installierte Technik, und kontrollieren Sie besonders Temperatur und Luftfeuchtigkeit.

Wunderland im Wohnzimmer

Wer sich bei der Wahl des Terrariums Zeit lässt, die Einrichtung sorgfältig plant und das richtige Zubehör einsetzt, schafft die Basis für ein gut funktionierendes Wunderland, das den Terrarientieren zum artgerechten Zuhause wird.

Tut gut

- \+ Richten Sie den Terrarienstandort an den Bedürfnissen der Tiere aus. Für Hochlandbewohner kann zum Beispiel ein Kellerraum die richtige Wahl sein.
- \+ Ein Sonnenbad im Freien hält gesund und sorgt für intensivere Farben.
- \+ Tiere und Pflanzen können von verschiedenen Kontinenten stammen: Asiatische Agamen klettern auch auf südamerikanische Bromelien.
- \+ Alle technischen Geräte müssen außerhalb der Reichweite der Terrarienbewohner installiert werden.

Besser nicht

- − Ein nachträglicher Umbau des Terrariums bereitet große Probleme. Oft ist er überhaupt nicht mehr möglich.
- − Verwenden Sie niemals unsichere Elektrogeräte. Defekte Technik umgehend austauschen.
- − Tiere mit unterschiedlichen Ansprüchen an Lebensraum und Klima dürfen nicht zusammen gehalten werden.
- − Junge und erwachsene Tiere nicht gemeinsam halten. Reservieren Sie für den Nachwuchs ein eigenes Becken.
- − Ungesicherte Freilandterrarien sind gefährlich: Die Tiere können entweichen und sind nicht vor Räubern geschützt.

Wichtiges und sinnvolles Zubehör

Für den Betrieb und die Kontrolle eines Terrariums sind Thermometer, Schaltuhr, Hygrometer und anderes Zubehör unverzichtbar. Sinnvolles Zubehör erleichtert darüber hinaus die täglichen Arbeiten.

Schaltuhr Die Simulation des Tages- und Jahresablaufs im Terrarium hängt in erster Linie von der Beleuchtungsdauer ab. Die Schaltuhr übernimmt das Ein-und Ausschalten der Lichtquellen zu festen Zeiten. Auch eine Sprühanlage kann per Schaltuhr gesteuert werden.

Thermometer Die richtige Terrarientemperatur ist für Reptilien und Amphibien lebenswichtig, die regelmäßige Temperaturkontrolle – am besten an verschiedenen Punkten im Becken – daher unerlässlich. Thermometer gibt es in einer Vielzahl unterschiedlicher Ausführungen. Wichtig ist, dass sie robust und leicht abzulesen sind, genaue Werte anzeigen und dass die Tiere sich an ihnen nicht verletzen können.

Thermostat Thermostate schalten Elektrogeräte wie Heizung und Lüfter bei vorgegebenen Temperaturen ein oder aus. Dadurch lässt sich zum Beispiel die Gefahr einer Überhitzung verhindern.

Dimmer Mit Dimmern regelt man die Leistung von Heizungen und Lampen und passt sie so den Erfordernissen im Terrarium an. Welche Lampentypen regelbar sind, sagt Ihnen der Elektrofachmann.

Hygrometer Ein Hygrometer misst die relative Luftfeuchtigkeit. Vor allem Amphibien reagieren sensibel auf Feuchtigkeitsschwankungen.

Wasserschale Unabhängig vom Lebensraum im Terrarium muss immer eine Schale mit frischem Wasser vorhanden sein. Besonders Amphibien trocknen sonst sehr schnell aus.

Futterpinzette Mit einer Futterpinzette kann man scheue oder gefährliche Terrarienbewohner aus der Distanz füttern.

Viele Terrarienbewohner werden mit der Zeit zutraulich und fressen aus der Hand. Tiere, die kräftig zubeißen können, sollte man jedoch sicherheitshalber mit einer Pinzette füttern.

Innenausbau und Gestaltung

Der gezielt auf die Bedürfnisse der Bewohner ausgerichtete Innenausbau des Terrariums bietet den Tieren zusätzliche Verstecke und mehr Bewegungsfläche. Nicht zuletzt macht er das Terrarium zu einem Unikat mit Ihrer persönlichen Handschrift.

Fertige Rückwand

Der Fachhandel bietet Terrarienrückwände aus gepressten und getrockneten Farnwurzeln (Xaxim), aus pflanzlichen Fasern und aus Kunststoff an. Die Formteile müssen nur noch zugeschnitten und mit Silikon aufgeklebt werden. Auch die Beckenseiten können damit verkleidet werden. Nachteile: zum Teil hoher Preis und uniformes Aussehen.

1 Xaximplatten gibt es in vielen Abmessungen und Stärken. Sie lassen sich mit der Säge gut bearbeiten und werden dann mit Silikon aufgeklebt.

2 Das ganze Terrarium wird mit Xaxim verkleidet. Fugen verfüllt man mit gefärbtem Silikon und kaschiert sie mit den beim Sägen anfallenden Xaximresten.

Selbst gebaute Rückwand

Eine selbst gebaute Rückwand lässt sich individuell gestalten. Es gibt verschiedene Methoden:

› Mehrere Platten. Das Grundgerüst besteht aus mehreren übereinander geklebten Styroporplatten, denen man mit einem scharfen Messer und einem Lötkolben eine unregelmäßige Reliefform gibt. Mit flexiblem Fliesenkleber überziehen und nach dem Trocknen mehrere Epoxidharzschichten auftragen. Der letzten Schicht Sand, Moos und Wandfarbe beimischen, um einen natürlichen Eindruck entstehen zu lassen.

› Plattenstücke. Styroporteile im rechten Winkel auf eine Grundplatte kleben, bis eine »wilde« und unregelmäßige Form entsteht. Lücken mit Fliesenkleber füllen und anschließend lackieren.

› Dünne Platte. Aus Platzgründen darf die Rückwand kleiner Froschterrarien nicht zu dick sein. Schmale Styroporplatte mit Epoxidlack bestreichen und den trockenen Lack mit sehr feinen, gemahlenen Kokosfaserraspeln oder Torffasern bestreuen.

› PU-Montageschaum. Die Lücken eines Styropor-Grundgerüsts mit PU-Schaum füllen. Danach in die gewünschte Form schneiden und schleifen. Diese Methode ist aufwendiger als das Klebeverfahren.

› Bei allen Methoden kann man einen Ast oder eine Wurzel in die Rückwand einbauen: Das Holz in gewünschter Position ins Styropor drücken und mit Fliesenkleber fixieren. Es entsteht der Eindruck, als würde der Ast aus der Wand herauswachsen.

1 Ein Epiphytenast ist schnell gebaut: Neben dem Epiphyten braucht man nur einen Korkeichenast, etwas Sphagnummoos, Angelschnur oder Bindedraht.

2 Der fertige Epiphytenast. Um den Aufbau im Foto zu veranschaulichen, wurde das Sphagnummoos auf der linken Seite weggelassen.

3 Im Ausschnitt erkennt man, wie die Pflanze aufgebunden wird. Das Moos dient vor allem dazu, die Wurzeln zu schützen und die Befestigung zu verbergen.

4 Auch ganze Äste können relativ einfach und schnell mit Epiphyten bepflanzt werden. Eine gute Methode, um einen naturnahen Lebensraum zu schaffen.

Etagen und Verstecke

› Für Bodenbewohner, die auch klettern, kann man die Bewegungsfläche durch Einbau einer zweiten Etage vergrößern. Dazu werden Metallwinkel in eine als Felsplatte gestaltete Styroporplatte eingebaut und an der Rückwand festgeschraubt.

› Mit Styropor und Fliesenkleber lassen sich auch Verstecke für Höhlenbewohner gestalten – zur leichteren Kontrolle mit abnehmbarem Oberteil.

Epiphytenast

Ein Epiphytenast, der quer durchs Terrarium verläuft, ist für Feuchtigkeit liebende Baumbewohner wie Frösche, Anolis oder kleine kletternde Schlangen ideal. Im Bereich der Pflanzen entsteht ein für die Tiere angenehmes Mikroklima. Die Einrichtung ist einfach: Dem Epiphyten etwas Sphagnummoos um die Wurzel wickeln und ihn mit Angelschnur auf einen Ast binden. Epiphyten haben Luftwurzeln und ernähren sich über die Trichter ihrer Blätter.

Gestaltungstipps

› Setzen Sie nicht zu viele Gestaltungselemente wie Wurzeln, Äste und Steine ins Terrarium ein. Speziell Bodenbewohner brauchen viel Lauffläche.

› Beschränken Sie die Einrichtung auf wenige Holzformen, Steine und Pflanzenarten, um einen unruhigen Gesamteindruck zu vermeiden.

› Steine, Äste, Rückwand und Bodengrund sollten farblich aufeinander abgestimmt werden, um eine möglichst natürliche Wirkung zu erzielen. Als Kontrast kann man abschließend eine anders gefärbte und auffällig geformte farbige Wurzel einsetzen.

› Künstliche Pflanzen sind kein Tabu. Mit ihnen lässt sich das Terrarium leicht und phantasievoll gestalten. Sie bieten den Bewohnern ebenso guten Schutz wie natürliche Pflanzen. Bei großen oder Pflanzen fressenden Terrarientieren gibt es keine Alternative zu künstlichen Pflanzen.

› Richten Sie immer zuerst das Terrarium vollständig ein, bevor Sie die Tiere einsetzen.

Das Steppenterrarium

Große Teile der Erde sind Steppen- und Wüstengebiete. In dieser für den Menschen lebensfeindlichen Umgebung findet man auffällig viele Reptilien und auch einige Amphibien. Dank ihrer besonderen Physiologie und bestimmter Körpermerkmale behaupten sich wechselwarme Tiere hier besser als Säugetiere.

Trocken, heiß und fremdartig

Das Klima ist unwirtlich, die Nahrung knapp und nährstoffarm, Wasser Mangelware. Und doch leben gerade in den Steppen und Wüsten viele Reptilien – mehr als alle anderen Wirbeltiere zusammen.

Extreme Lebensbedingungen

Unbarmherzig brennende Sonne mit Temperaturen von über 40 °C am Tag, nächtliche Abkühlung bis unter den Gefrierpunkt: der typische Tagesgang der Temperaturen in Steppe und Wüste. Dazu trockene Luft, selten Wolkenbildung und oft über Monate oder gar Jahre keine Niederschläge.

Warum Reptilien im Vorteil sind

Wer in Steppen und Wüsten überleben will, darf nicht wählerisch sein. Das Futterangebot ist karg, neben einigen spröden und schwer verdaulichen Pflanzen gibt es kaum mehr als ein paar Insekten. Reptilien und Amphibien bringen ihren Körper mit Sonnenenergie auf »Betriebstemperatur« und kommen mit weniger Futter aus als Säugetiere, die einen Teil der Nahrung darauf verwenden müssen, die Körperwärme konstant zu halten. Auch die derbe, abgestorbene Reptilienhaut erweist sich als Vorteil: Sie schützt zuverlässig vor der schädlichen UV-Strahlung und verhindert, dass dem Körper Feuchtigkeit durch Verdunstung entzogen wird. Alle Reptilien können lange ohne Futter und Wasser auskommen. Wegen des knappen Futterangebots leben viele Arten dieser Lebensräume als Einzelgänger in großen Revieren. Einige tauchen in den Sand ab, wo sie vor Feinden geschützt und nicht der Sonne ausgesetzt sind, andere verbringen den Tag im Versteck und kommen nur nachts zur Nahrungssuche hervor. In Regionen mit ausgeprägten Jahreszeiten halten viele Reptilien Winterruhe.

Viel Wärme und noch mehr Licht

Ein Becken mit großer Bodenfläche, viel Wärme, viel Licht, gute Belüftung und geringe Luftfeuchtigkeit: Das sind die wichtigsten Kriterien für eine artgerechte Haltung von Steppen- und Wüstentieren.

Das richtige Terrarium

Ihr ursprünglicher Lebensraum ist karg, meist eben und nur spärlich bewachsen: Tiere, die in Steppen und Wüsten heimisch sind, fühlen sich im Terrarium auf einer möglichst großen und wenig gegliederten Bodenfläche am wohlsten.

› Beckenhöhe. Die Terrarienhöhe spielt für die meisten Steppentiere – mit Ausnahme kletternder Felsenbewohner – keine Rolle. Trotzdem darf das Terrarium nicht zu hoch sein: Je höher es ist, desto weniger Licht erreicht den Boden. Viel Licht ist aber für Steppen- und Wüstenbewohner unabdingbar.

› Bodengrund. Für Arten, die die sich in die Erde eingraben oder Höhlen anlegen, muss der Bodengrund genügend hoch sein.

› Glas oder Holz. Das Becken kann aus Glas oder Holz sein, da es kaum mit Feuchtigkeit in Kontakt kommt. Achten Sie im Holzterrarium bei starken Wärmestrahlern auf ausreichenden Sicherheitsabstand, um ein Brandrisiko auszuschließen.

Heizung

Am natürlichsten wird das Terrarium von oben beheizt – genau wie in der Natur. HQI-Strahler und Glühlampen-Spotstrahler (→ rechte Seite) werden auf einen flachen Stein gerichtet. Dieser Stein speichert die Wärme und die Reptilien nutzen die Strahlungswärme von oben und die Wärme des Steins von unten. Nach Abschalten der Strahler gibt der aufgeheizte Stein auch während der Nachtstunden noch Wärme ab – ideal für die nachtaktiven Terrarientiere. Bieten Sie Ihren Tieren mehrere verschieden warme Sonnenplätze an. Zum Anheben der Grundtemperatur eignet sich auch eine Bodenhei-

In solchen kargen Lebensräumen können nur anspruchslose Tiere wie die Bartagamen überleben.

zung. Wichtig sind kühlere Terrarienbereiche. Am einfachsten gelingt das, wenn eine Randzone überhaupt nicht beheizt wird und man die Strahler am anderen Beckenende positioniert. In dem so entstehenden Temperaturgefälle können sich die Bewohner ihren Vorzugsaufenthaltsbereich selbst wählen.

Licht

In freier Natur werden Lichtintensitäten von über 100.000 Lux erreicht. Für das Steppenterrarium kommen daher nur starke Lichtquellen in Frage.

› HQI-Strahler und T5-Leuchtstoffröhren. Beide Lampentypen sind sehr hell und haben fast ein Tageslichtspektrum. Wenn T5-Röhren mit Reflektoren ausgestattet sind, erhöht sich ihre Beleuchtungsstärke um etwa 50 Prozent. HQI-Strahler erreichen ca. 100.000 Lux, müssen aber wegen ihrer spotartig begrenzten Ausleuchtung zusammen mit Leuchtstoffröhren eingesetzt werden.

› UV-Röhren. Ultraviolettes Licht ist für tagaktive und manche nachtaktive Steppenbewohner wichtig. Neben speziellen UV-Röhren erzeugen auch einige HQI-Strahler UV-Licht.

Lüftung und Luftfeuchtigkeit

In den Wüsten fallen die Nachttemperaturen nicht selten unter den Gefrierpunkt.

› Kühle Nächte. Die Nachtabsenkung der Terrarientemperatur um ca. 5–10 °C ist der Schlüssel zu einer erfolgreichen Haltung. Dazu werden nachts alle Heizquellen ausgeschaltet. Wichtig ist die wirksame Lüftung: Kleine Becken werden oben vollständig mit Metallgaze bespannt, größere mindestens zur Hälfte.

› Luftfeuchtigkeit. Die relative Luftfeuchtigkeit liegt am Tag bei 30–45, nachts bei 50–60 Prozent. Zu feuchter Bodengrund erhöht die Infektionsgefahr.

Steppenterrarium für Einsteiger

TIPPS VOM TERRARIEN-EXPERTEN
Manfred Au

FRONTBLENDE Grabende Terrarienbewohner brauchen eine möglichst hohe Bodenschicht. Achten Sie darauf, dass die untere Frontblende des Terrariums hoch genug ist.

LAMPENTAUSCH Wechseln Sie HQL- und HQI-Strahler nach ca. 18 Monaten aus, UV-Lampen im Dauereinsatz nach spätestens einem Jahr. Sie haben bis dahin viel Leuchtkraft verloren.

QUALITÄTSKONTROLLE Wählen Sie Strahler beim Kauf nach der Lichtintensität und -farbe aus. Speziell bei Leuchtstoffröhren gibt es viele verschiedene Typen unterschiedlicher Qualität.

HELLE FARBEN Bodengrund und Einrichtung sollten möglichst hell sein. Helle Farben reflektieren das Licht besser, und das Becken wird heller.

WINTERRUHE Für viele Steppen- und Wüstenbewohner muss die Terrarientemperatur während der Wintermonate abgesenkt bzw. die Heizung sogar ganz ausgeschaltet werden. Die Tiere halten eine Winterruhe, die für ihre Gesundheit und ihr Wohlbefinden wichtig ist.

Einrichten des Steppenterrariums

Ein Steppenterrarium darf nur sparsam eingerichtet werden, weil für seine Bewohner in erster Linie die große, wenig strukturierte Lauffläche wichtig ist.

Bodengrund

Als Bodengrund eignen sich Kies, Sand oder ein Gemisch aus Sand und Erde. Für Bewohner, die sich eingraben, ist feiner und lehmfreier Sand die erste Wahl; lehmhaltiger Sand wiederum ist ideal für Höhlen grabende Reptilien. Er wird feucht ins Terrarium eingebracht und leicht angedrückt. Beim Trocknen härtet er aus und ermöglicht es den Tieren, Höhlen und Gänge anzulegen. Im Zoohandel gibt es Sand in verschiedenen Farben. Für die Erdbewohner muss die Bodenschicht ausreichend hoch sein. Je nach Besatz wird der gesamte Bodengrund ein- bis zweimal im Jahr ausgetauscht.

Steine und Wurzeln

Steine und Wurzeln gestalten das Terrarium. Beschränken Sie sich auf eine Stein- oder Wurzelart, um einen natürlichen Eindruck zu erzielen. Steine müssen auf dem Boden aufliegen, damit sie nicht untergraben werden können. Sonst ist die Gefahr groß, dass die Tiere von ihnen erschlagen werden. Steinaufbauten werden mit Fliesenkleber gegen Einsturz gesichert. Künstliche Steine und Aufbauten aus Styropor sind eine interessante Alternative.

Pflanzen

Pflanzen spielen im Steppenterrarium keine große Rolle. Nur wenige vertragen das trockene Klima. Sie müssen in Pflanztöpfe gesetzt werden, damit beim Wässern nicht der ganze Bodengrund feucht wird. Zusätzlich sollten sie vor dem Ausgraben geschützt sein. Mit Kunststoffpflanzen lässt sich auf einfache Art und Weise eine ähnliche Wirkung erzielen.

Verstecke

Eine halbierte oder ganze Korkröhre gibt ein gutes Versteck ab. Vorteile: stabile Unterkunft, die nicht einstürzen kann, lässt sich leicht einsetzen und herausnehmen, kann jederzeit kontrolliert werden. Zum Selbstbasteln eignet sich Styropor als Grundlage. Bei fest eingebauten Verstecken erlaubt ein abnehmbarer Deckel den Blick ins Innere.

Felsrückwand

Eine Felsrückwand ist ein Hingucker, bietet den kletternden Arten mehr Bewegungsraum und gibt allen Terrarienbewohnern Sicherheit. Besonders attraktiv wirkt ein Becken, bei dem Bodengrund, Steine und Rückwand farblich aufeinander abgestimmt sind. Auch mit einer zweiten Etage in halber Höhe lässt sich die Terrarienfläche vergrößern.

Freilandhaltung im Sommer

SONNENANBETER Viele tagaktive Steppen- und Wüstenbewohner kann man im Sommer für Stunden bis zu mehrere Wochen im Freien halten.

UV PUR Das natürliche UV-Licht stärkt das Wohlbefinden und die Abwehrkräfte der Tiere.

SICHERHEIT Das Freilandbecken muss vor Eindringlingen geschützt und ausbruchssicher sein.

PRIMA KLIMA In einem großen und gut gegliederten Terrarium gibt es verschiedene Klimazonen. Die Bewohner können selbst entscheiden, wo sie sich aufhalten wollen. Das Grundgerüst der Rückwand ist aus Styropor gefertigt. Die einheitliche Farbgebung sorgt für eine sehr natürliche Gesamtwirkung. Lampen und Strahler sind unerreichbar für die Tiere im Terrariendach eingebaut. Der Luftaustausch erfolgt über einen Streifen unterhalb der Frontscheiben und über die Dachlüftung.

FELSEN, SAND UND STEINE Die zerklüfteten Felsstrukturen gliedern das Terrarium. Für seine Bewohner ist es ein Kletter-Eldorado, in dem sie darüber hinaus Reviere bilden können und viele Versteckplätze finden. Anstelle echter Bepflanzung wurden künstliche Pflanzen eingesetzt. Kunstpflanzen sind sehr widerstandsfähig und bieten zusätzlichen Kletterraum. Da Wässern entfällt, bleibt die Luftfeuchtigkeit niedrig.

FÜR KLETTERKÜNSTLER Mit einer Korkeichenrückwand (Zoogeschäft) kann man Felsbewohnern aus Trockengebieten auch in einem kleineren Terrarium genügend Klettermöglichkeiten bieten.

Pogona vitticeps

Gewöhnliche Bartagame

Verbreitung Inland des östlichen Australiens
Lebensraum Steppen, Halbwüsten und lichte Wälder, Farmland
Systematik Familie Agamen *(Agamidae)*
Größe Kopfrumpflänge 25 cm, mit Schwanz 55 cm
Haltung Beckengröße (Paar) 200 × 80 × 80 cm (L/B/H). Tagestemperaturen von 26–32 °C, mehrere Sonnenplätze mit ca. 40 °C und kühlere Bereiche, Nachtabsenkung. *Pogona vitticeps* braucht große Freiflächen und klettert gern. Sinnvoll ist eine als Kletterfläche gestaltete Rückwand. Viel Licht und regelmäßige UV-Bestrahlung. Eine Freilandhaltung im Sommer bekommt den Tieren sehr gut. Winterruhe 2–3 Monate.
Ernährung Insekten, Wiesenpflanzen, Obst
Zucht Problemlos, wird seit Generationen nachgezüchtet. Die Ausfuhr aus Australien ist verboten.
Besonderheiten Eine der beliebtesten Echsen fürs Terrarium mit schönen Farbvarianten. Gegenüber dem Menschen sehr zutraulich. Nicht mit kleineren Arten und Artgenossen vergesellschaften, da *Pogona vitticeps* auch Echsen als Beute betrachtet.

Pogona henrylawsoni

Lawsons Bartagame

Verbreitung Zentrum von Queensland (Australien)
Lebensraum Extrem trockene Gebiete, hält sich in Erdspalten auf.
Systematik Familie Agamen *(Agamidae)*
Größe Kopfrumpflänge 13 cm, mit Schwanz 30 cm
Haltung Großes und untergliedertes Terrarium, da die Tiere sich häufig als unverträglich erweisen. Beckengröße (Paar) 120 x 60 x 60 cm (L/B/H). Temperatur 26–32 °C, Nachtabsenkung. Sonnenplätze und kühlere Zone. *P. henrylawsoni* lebt fast ausschließlich am Boden. Die Art braucht viel Licht und regelmäßige UV-Bestrahlung. Die Winterruhe (2–3 Monate) stimuliert die Fortpflanzung.
Ernährung Insekten, Wiesenpflanzen, Obst
Zucht Wird erfolgreich nachgezogen. Wie bei allen Bartagamen ist die Ausfuhr aus Australien verboten. Haltung und Zucht sind schwieriger als bei *P. vitticeps,* da die Echsen untereinander aggressiv sein können. Weniger Eier pro Gelege als *P. vitticeps.*
Besonderheiten Geringe Farbvariabilität, bekannt ist lediglich eine Farbform mit roten Beinen und Flanken.

Eublepharis macularius

Leopardgecko

Verbreitung Afghanistan, Pakistan und Indien
Lebensraum Wüsten und Steppen
Systematik Familie Lidgeckos *(Eublepharidae)*
Größe Kopfrumpflänge 15 cm, Gesamtlänge 25 cm
Haltung Robuste, nachtaktive Art. Leopardgeckos leben in freier Natur in Kolonien, im Terrarium vergesellschaftet man am besten ein Männchen mit 3–4 Weibchen; nicht paarweise halten. Beckengröße 80 × 60 × 40 cm (L/B/H). Temperatur am Tag 28–32 °C, nachts ca. 22 °C. Da die Geckos gerne graben, muss der Bodengrund mindestens 15 cm hoch sein. Gut geeignet ist lehmhaltiger Terrariensand. Winterruhe 2–3 Monate bei 18 °C.
Ernährung Insekten, z.T. auch Obst und Salat. Leopardgeckos neigen zu Übergewicht, daher nur zweimal pro Woche füttern.
Zucht Haltung und Zucht einfach. Die Weibchen legen mehrmals im Jahr jeweils zwei Eier. Schön gefärbte Zuchtformen.
Besonderheiten Sehr zutraulich, erreicht ein Lebensalter von über 20 Jahren. Nie am Schwanz festhalten, da er bei Gefahr abgeworfen wird.

Uromastyx ornata

Bunte Dornschwanzagame

Verbreitung Saudi-Arabien, Israel, Ägypten
Lebensraum Fels- und Geröllwüsten, gräbt tiefe Gänge bis in feuchte Erdschichten.
Systematik Familie Agamen *(Agamidae)*
Größe Kopfrumpflänge 18 cm, Gesamtlänge 37 cm
Haltung Zum Graben braucht die Agame eine hohe Schicht mit lehmhaltigem Sand, der im Bereich der Verstecke feucht gehalten werden muss. Klettert gern. Beckengröße (Paar) 140 × 80 × 60 cm (L/B/H). Die Verdauung muss durch hohe Temperaturen angeregt werden, auf den Sonnenplätzen bis 50 °C; Luftfeuchtigkeit 40–50 %, intensive UV-Bestrahlung. Winterruhe 3 Monate.
Ernährung Samen, Grünpflanzen; die Jungtiere ernähren sich auch von Insekten.
Zucht Geschützte Art (WA Anhang II), kein Import. Jungtiere aus Nachzuchten; Herkunftsnachweis des Züchters, Anmeldung bei der Naturschutzbehörde.
Besonderheiten Wächst langsam, kann über 20 Jahre alt werden. Variable Färbung von Blau bis Rot, Gelb oder Grün. Begehrtes Terrarientier, das sehr zutraulich wird.

Sceloporus poinsetti

Gebänderter Stachelleguan

Verbreitung Mexiko
Lebensraum Auf Felsen in Wüsten, Steppen und lichten Wäldern
Systematik Familie Leguane *(Iguanidae)*
Größe Kopfrumpflänge 12 cm, Gesamtlänge 25 cm
Haltung Sehr helles Terrarium mit großer Sandfläche und Felsen. Beckengröße (Paar) 100 × 50 × 50 cm (L/B/H). Das Männchen wird mit 1–2 Weibchen vergesellschaftet, in sehr großen Terrarien kann man auch mehrere Männchen halten. Temperatur tagsüber 28–32 °C, nachts 18–20 °C, Sonnenplätze bis 45 °C. Luftfeuchtigkeit am Tag ca. 45 %, nachts bis 65 %. Der Stachelleguan braucht eine starke UV-Bestrahlung. Winterruhe 3 Monate bei 18 °C.
Ernährung Heimchen, Grillen, Wachsmaden, Mehlwürmer, selten Blätter und Blüten.
Zucht Lebendgebärend
Besonderheiten Männchen sind an ihrer blauen Kehle leicht zu erkennen. Die Leguane verstecken sich meist zwischen den Felsen. Ihr ganzes Verhaltensrepertoire zeigen die Tiere nur bei einer hohen Beleuchtungsintensität.

Python regius

Königspython

Verbreitung West- und Zentralafrika
Lebensraum Von den Savannen bis in feuchte Wälder, meidet Regenwald. Tagsüber in Verstecken wie zum Beispiel Termitenhügeln.
Systematik Familie Pythonschlangen *(Pythonidae)*
Größe Wird bis zu 170 cm groß.
Haltung Dämmerungsaktive Schlange. Bodengrund aus Pinienstreu. Beckengröße für zwei Tiere 160 × 80 × 120 cm (L/B/H). Temperatur tagsüber 25–30 °C, nachts 18–20 °C, Luftfeuchtigkeit 70 % am Tag, ca. 90 % nachts, Sonnenplatz 35 °C mit Strahler oder Wärmematte, Badebecken 24 °C. Grobe Wurzeln zum Klettern. Jungtiere klettern sehr gerne, erwachsene Pythons leben mehr am Boden.
Ernährung Mäuse, Ratten, selten Küken. Einmal pro Woche mit 1–2 Mäusen füttern.
Zucht Schutzstatus WA II, Anhang B. Jungtiere können als Nachzuchten (mit Herkunftsnachweis) erworben werden. Meldung bei Naturschutzbehörde.
Besonderheiten Eine Schlupfbox mit feuchtem Sphagnummoos wird besonders vor der Häutung gerne aufgesucht.

Testudo marginata

Breitrandschildkröte

Verbreitung Griechenland, Italien
Lebensraum Steppen- und Trockengebiete bis in eine Höhe von 1600 Metern
Systematik Fam. Landschildkröten *(Testudinidae)*
Größe Panzerlänge bis 35 cm
Haltung Beckengröße (Paar) 300 × 150 cm (L/B). Temperatur tagsüber 25–30 °C, Nachtabsenkung; Luftfeuchtigkeit 60–70 %. Starke UV-Bestrahlung. Winterruhe 4–5 Monate bei ca. 8 °C.
Ernährung Wiesenkräuter, Heu, Sepiaschale. Trächtige Weibchen und Jungtiere fressen gelegentlich Schnecken und Regenwürmer. Regelmäßige Gaben von Vitamin-Mineralstoffpräparaten.
Zucht Schutzstatus WA II, Anhang B. Kein Import. Gute Zuchterfolge, Jungtiere werden regelmäßig angeboten. Herkunftsnachweis erforderlich, Meldung bei der Naturschutzbehörde.
Besonderheiten Landschildkröten sind sehr anspruchsvolle Terrarientiere. Während der Sommermonate sollten die Tiere unbedingt im Freien gehalten werden. Gruppenhaltung ist möglich, muss aber anfangs unter Beobachtung erfolgen.

Testudo graeca

Maurische Landschildkröte

Verbreitung Sehr großes Verbreitungsgebiet von Südeuropa und Nordafrika bis Kleinasien
Lebensraum Trockengebiete des Mittelmeerraums
Systematik Fam. Landschildkröten *(Testudinidae)*
Größe Extreme Größenunterschiede: Exemplare aus Südosteuropa bis 30 cm Panzerlänge, Tiere aus Spanien zum Teil nur 13 cm.
Haltung Beckengröße (Paar) 300 × 150 cm (L/B). Temperatur tagsüber 25–30 °C, Absenkung in der Nacht; Sonnenplätze bis 45 °C. Schutzhäuser als Schattenplätze vorsehen.
Ernährung Wiesenkräuter, Salat, Gemüse, Früchte. Weibchen und Jungtiere nehmen gelegentlich auch Schnecken und Insekten. Regelmäßige Gabe von Vitamin-Mineralstoffpräparaten. Trinkschale wichtig.
Zucht Schutzstatuts WA II, Anhang B. Mehrere Gelege pro Jahr. *Testudo graeca* wird sehr häufig nachgezogen.
Besonderheiten Ein Freilandaufenthalt im Sommer, auch in Gruppen, bekommt den Tieren gut. Landschildkröten sind kein Kinderspielzeug, ihre Pflege ist sehr anspruchsvoll.

Das Regenwaldterrarium

Obwohl die Realität leider längst anders aussieht, ist der tropische Regenwald für viele Menschen der Inbegriff paradiesischer Natur und einer geheimnisvollen, undurchdringlichen Wildnis. Im Kleinen kann diese magische Anziehungskraft auch von einem liebevoll eingerichteten Regenwaldterrarium ausgehen.

Ein Eldorado für Amphibien und Reptilien

Bei Einrichtung und Gestaltung eines Regenwaldterrariums darf man seiner Phantasie freien Lauf lassen: Gerade die Vielfalt und Fremdartigkeit machen den Zauber der Dschungelwelt en miniature aus. Und um den eigenen Vorstellungen auf die Sprünge zu helfen, hält der Fachhandel für diesen Terrarientyp eine breite Palette von Einrichtungsgegenständen und Zubehör bereit.

Warm und feucht

Die tropischen Regenwälder unter dem Äquator zeichnen sich durch hohe Tages- und Nachttemperaturen, extreme Luftfeuchtigkeit, gleich bleibende Tageslängen und das Fehlen von Jahreszeiten aus. Bestimmender Klimafaktor ist der regelmäßige Wechsel zwischen Trocken- und Regenzeit. Unterschiede in Tageslänge und Temperatur und ein Wechsel der Jahreszeiten sind nur für die Wälder der Subtropen und gemäßigten Breiten typisch. Aber auch hier verhindert der üppige Pflanzenwuchs große Temperaturschwankungen, wie sie zum Beispiel in Steppen und Wüsten auftreten.

Die Tiere des Regenwalds

In den tropischen Regenwäldern gibt es die größte Artenfülle von Reptilien und Amphibien. Die Temperaturen sind für wechselwarme Tiere optimal und das Nahrungsangebot ist groß. Oft findet man auf einem Baum gleich mehrere Arten einer Gattung, von denen jede eine eigene Nische besetzt. Viele Arten des Regenwalds sind so stark spezialisiert, dass sie völlig von bestimmten Pflanzen abhängig sind. Weiter südlich und nördlich vom Äquator finden die Amphibien und Reptilien zunehmend ungünstigere Lebensbedingungen vor, und ihre Artenzahl nimmt stetig ab.

Eine feuchtwarme Wunderwelt

An die Bauart und Größe, aber auch an Heizung, Licht und Belüftung des Regenwaldterrariums werden besondere Anforderungen gestellt.

Form und Größe des Terrariums

Regenwaldterrarien sind mindestens quadratisch, meist aber höher als breit. Das Leben ihrer Bewohner spielt sich überwiegend in der Vertikalen ab. Viele Baumbewohner brauchen eine bestimmte Höhe vom Boden, um sich wohlzufühlen. Droht Gefahr, flüchten sie nach oben und verstecken sich hinter einem Ast. Eine mit Pflanzen gestaltete Rückwand verlangt relativ viel Platz. Das Terrarium muss daher eine nicht zu geringe Tiefe haben, um einen unharmonischen Gesamteindruck zu vermeiden.

Heizung

Die Temperaturen im Regenwaldterrarium liegen niedriger als im Steppenterrarium. Zum Einsatz kommen vor allem »milde« HQL- oder Spotstrahler.

Der tropische Regenwald zeichnet sich durch eine große Artenvielfalt von Pflanzen und Tieren aus. Die Lebensbedingungen sind hier so ideal, dass jede Lebensraumnische sofort besiedelt wird.

Auf den Sonnenplätzen bietet man den Bewohnern verschiedene Temperaturbereiche an. Wichtig ist ein Temperaturgefälle. Das lässt sich am einfachsten erreichen, wenn in einer Terrarienhälfte kein Wärmestrahler installiert wird. Eine milde Heizmatte sorgt dafür, dass die Bodenfeuchtigkeit schneller verdunstet und die Luftfeuchtigkeit konstant bleibt. Waldbewohner montaner und gemäßigter Breiten brauchen weniger Luftfeuchte, aber eine effektive Lüftung, die auch die nötige Abkühlung während der Nachtstunden gewährleistet.

Luftfeuchtigkeit und Lüftung

- Drahtgaze im hinteren Bereich der Abdeckung erzielt einen guten Kompromiss zwischen wirkungsvoller Belüftung und ausreichender Luftfeuchtigkeit. Bei Bedarf Gaze mit Glasscheiben abdecken.
- Nach dem Sprühen muss die Einrichtung abtrocknen können, weil sonst Infektionen und Fäulnisbildung begünstigt werden.
- Für Wald bewohnende Arten, die aus montanen und gemäßigten Breiten stammen, muss tagsüber eine niedrigere Luftfeuchtigkeit eingestellt werden. Darüber hinaus braucht ihr Terrarium eine sehr wirkungsvolle Lüftung, die für genügend Abkühlung während der Nachtstunden sorgt.

Licht

Waldterrarien lassen sich gut mit Leuchtstoffröhren beleuchten. Dabei können zum Beispiel durch Pflanzen-, Tageslicht- und UV-Röhren mehrere Lichtfarben miteinander kombiniert werden. Die Tiere des Regenwalds brauchen neben ausgeleuchteten Zonen auch schattige Rückzugsplätze in und auf den Pflanzen. Einige der tagaktiven und viele nachtaktive Amphibien und Reptilien meiden die helleren Bereiche grundsätzlich.

Regenwaldterrarium für Einsteiger

TIPPS VOM TERRARIEN-EXPERTEN
Manfred Au

WASSERNEBEL Eine Beregnungsanlage hält die Luftfeuchtigkeit konstant. Ihre Hochdruckpumpe versprüht mehrmals täglich einen Wassernebel. Alle elektrischen Geräte müssen außerhalb des Sprühbereichs installiert werden.

KLETTERWAND Rück- und Seitenwände, die als Kletterflächen gestaltet werden, vergrößern den Bewegungsraum und bieten den Tieren Schutz und Sicherheit.

START-TIPPS Mit wenigen, leicht zu pflegenden Tieren und anspruchslosen Pflanzen beginnen und von Hand sprühen.

WICHTIGES ZUBEHÖR Für die Temperatur- und Feuchtigkeitskontrolle im Regenwaldterrarium sind Thermometer und Hygrometer unverzichtbar.

TROCKENZEIT Nach jedem Sprühvorgang muss die Einrichtung abtrocknen, damit sich die Feuchtigkeit im Terrarium wieder normalisieren kann.

BADESPASS Für badefreudige Tiere eignet sich ein Badebecken mit Ablauf. Regelmäßig reinigen und das Wasser wechseln.

Einrichten des Regenwaldterrariums

Vor allem die großzügige Bepflanzung macht den besonderen Reiz eines Regenwaldterrariums aus.

Bodengrund

Die Bodenschicht im Feuchtterrarium muss Wasser speichern, das beim Verdunsten die Luftfeuchtigkeit erhöht. Eine Heizmatte verbessert den Effekt. Darüber hinaus sollte der Boden hoch genug sein, um den Pflanzentöpfen festen Stand zu bieten. Geeignete Materialien: Blumenerde mit etwas Sand, zerkleinerte Rindenstücke oder Hydrokulturgranulat. Zur Abdeckung kann man Moosplatten verwenden. Im Futtertierhandel gibt es Springschwänze und kleine tropische Asseln. Diese im Boden lebenden Tiere sind sehr nützlich, weil sie die Ausscheidungen der Terrarienbewohner und die Futterreste entsorgen.

Bepflanzung

Pflanzen kann man nicht nur im Boden, sondern auch an Seitenwänden und Rückwand einsetzen. Hier eignen sich vor allem Bromelien und Epiphyten. Epiphyten sind Aufsitzer, ihre Wurzeln können ohne Erde auf Holz aufgebunden werden. Zum Blickfang wird ein großer, diagonal durchs Becken verlaufender Epiphytenast. »Dschungelfeeling« vermitteln rankende Pflanzen, die alles überwuchern und auch an den Wänden hochwachsen. Bei Pflanzen fressenden Bewohnern sind giftige Gewächse natürlich tabu. Zur Gestaltung setzt man Wurzeln und Äste ein, denen die hohe Luftfeuchtigkeit wenig anhaben kann, z. B. Lianen, Reebwurzeln und Kork. Im Terrarium darf es nie so feucht werden, dass sich Schimmel auf dem Holz bildet.

Rückwand

Rückwände für die Gestaltung des Terrariums kann man fix und fertig kaufen, allerdings sind attraktive Modelle ausgesprochen teuer. Mit etwas Geschick gelingt der Selbstbau aber auch Einsteigern. Die Wand darf nicht auf dem Bodengrund aufsitzen, weil sie sich sonst sehr schnell mit Bodennässe vollsaugt und zu schimmeln beginnt.

Deko-Tipps

Wer mit zu vielen unterschiedlichen Hölzern und Pflanzen experimentiert, erzeugt einen unruhigen Eindruck. Natürlicher wirken mehrere Exemplare einer einzigen Pflanzen- oder Gehölzart. Fürs Auge setzt man dann noch eine blühende Pflanze oder bizarr geformte Wurzel ein. Besonders dekorativ: Boden und Rückwand aus gleichem Material und von gleicher Farbe. Und stopfen Sie bitte nicht das gesamte Terrarium mit Pflanzen und Wurzeln voll. Ein ruhiger und weniger verbauter Beckenbereich setzt einen willkommenen Kontrapunkt.

Sicher und **schimmelfrei**

PRÜFSIEGEL Nässe und Strom sind eine riskante Kombination. Nur geprüfte Elektroteile verwenden.

NASSFEST Alle Lampen des Terrariums müssen mit Feuchtraumfassungen ausgestattet sein.

LÜFTUNG Fäulnis und Schimmelbildung sind nicht nur ein ästhetisches Problem, sondern Anzeichen eines unzureichenden Luftaustauschs.

ANOLIS-TERRARIUM In diesem Terrarium leben mehrere miteinander vergesellschaftete kleine Anolis-Arten. Die Rückwand besteht aus Korkeichenplatten, die von den Tieren gerne als Kletterfläche genutzt werden. Als Kletteräste dienen Reebholzwurzeln, die sich als besonders widerstandsfähig gegenüber Feuchtigkeit erweisen. Der Bodengrund aus Tongranulat wurde mit einheimischem Moos abgedeckt. In diesem Pflanzendickicht finden die Bewohner viele Verstecke.

ECHT UND KÜNSTLICH Das Terrarium bildet eine lichte Stelle im Regenwald nach. Zwischen den echten Pflanzen und Hölzern macht der künstliche Baumstamm einen durchaus natürlichen Eindruck. Unter seinen bizarren Wurzeln finden die Tiere geeignete Verstecke. Der Bodengrund besteht aus geraspelter Tannenrinde (Zoohandel), die weder fault noch schimmelt. Die Rankenpflanzen wachsen an den Ästen nach oben.

FÜR BODENBEWOHNER Der Bodengrund dieses Terrariums ähnelt dem des Regenwalds. Hier leben kleine Amphibien, die viel Feuchtigkeit brauchen. Regelmäßiges Sprühen ist sehr wichtig.

Agalychnis callidryas

Rotaugenlaubfrosch

Verbreitung Südliches Mexiko bis zum Nordwesten Kolumbiens
Lebensraum In den Baumkronen
Systematik Familie Baum-, Kletter- und Laubfrösche *(Hylidae)*
Größe Männchen 4,5–6,5 cm, Weibchen 6–8,5 cm
Haltung Gut bepflanztes Regenwaldterrarium mit trockenen Bereichen. Beckengröße (Paar) 60 × 40 × 60 cm (L/B/H). Temperatur tagsüber 24–30 °C, nachts 20–22 °C. Luftfeuchtigkeit 60–80 %, nachts höher. Gruppenhaltung mit mehreren Männchen und Weibchen. Die Tiere sind rein nachtaktiv und schlafen tagsüber eng zusammengefaltet unter großen Blättern.
Ernährung Heimchen, Grillen
Zucht Zucht bei 100 % Luftfeuchtigkeit. 40–70 Eier pro Gelege; Laich wird auf Blätter geklebt, die Kaulquappen fallen ins Wasser.
Besonderheiten Quakt mäßig laut. Rotaugenlaubfrösche werden regelmäßig nachgezogen.

Litoria caerulea

Australischer Korallenfinger-Laubfrosch

Verbreitung Norden und Osten Australiens, Neuguinea
Lebensraum In Pflanzen und kühlen Verstecken
Systematik Familie Baum-, Kletter- und Laubfrösche *(Hylidae)*
Größe Männchen 10–12 cm, Weibchen größer und kräftiger
Haltung Feuchtterrarium mit 15 cm tiefem Wasserteil und einem Trockenbereich. Beckengröße (Paar) 60 × 40 × 60 cm (L/B/H). Temperatur am Tag 23–28 °C, nachts 20–22 °C, Wasser 22–25 °C, Luftfeuchtigkeit 60–70 %, nachts 80–90 %. Nachtaktiv.
Ernährung Heimchen, Grillen, Regenwürmer, nackte Mäuse
Zucht An die Regenzeit gebunden. Die Paare finden sich durch Rufen. 200–300 Eier werden in stehende Gewässer abgegeben.
Besonderheiten Ruhige und behäbige Tiere, die relativ zutraulich werden. Viele Korallenfinger-Laubfrösche sind verfressen und verfetten stark. Die Art wurde aus ihrer Ursprungsheimat nach Neuseeland und Florida verschleppt.

Anolis carolinensis
Rotkehlanolis

Verbreitung Südliche USA
Lebensraum Büsche und Bäume in lichten Wäldern
Systematik Unterordnung Leguanartige, Familie *Polychrotidae*
Größe Männchen 22 cm, Weibchen 17 cm Gesamtlänge
Haltung Beckengröße (Paar) 60 × 40 × 60 cm (L/B/H). Temperatur tagsüber 25–30 °C, starke Abkühlung während der Nacht, Luftfeuchtigkeit tagsüber 65 %, nachts bis 80 %, Sonnenplätze bis 45 °C. Versteckplätze und eine regelmäßige UV-Bestrahlung sind wichtig.
Ernährung Heimchen, Grillen, gerne Fliegen, Wiesenplankton
Zucht Mehrmals jährlich 1–2 Eier. Die Aufzucht der Jungtiere macht keine Probleme.
Besonderheiten Kann sich von Braun nach Grün verfärben (»Amerikanisches Chamäleon«). Durch Verschleppung in der ganzen Karibik, in Spanien und auf japanischer Insel zu finden.

Anolis sagrei
Bahama-Anolis

Verbreitung Kubanische Inseln
Lebensraum Wurzelbereich der Bäume, auf Baumstümpfen
Systematik Unterordnung Leguanartige, Familie *Polychrotidae*
Größe Männchen 20 cm, Weibchen 15 cm Gesamtlänge
Haltung Revierbesitzer mit Haremshaltung: ein Männchen und mehrere Weibchen. Beckengröße (Paar) 60 × 40 × 60 cm (L/B/H). Temperatur tagsüber 25–30 °C, Absenkung nachts auf 21 °C, Luftfeuchtigkeit am Tag 65 %, nachts bis 80 %, Sonnenplätze bis 45 °C. UV-Bestrahlung und Verstecke.
Ernährung Heimchen, Grillen, gerne Fliegen, Wiesenplankton
Zucht Einfache Zucht und Aufzucht. Das Weibchen legt mehrmals jährlich 1–2 Eier.
Besonderheiten Bahama-Anolis sind durch Verschleppung inzwischen im ganzen Karibikraum, aber auch in Mittelamerika und in Florida verbreitet.

Sceloporus malachiticus

Malachit-Stachelleguan

Verbreitung Mittelamerika
Lebensraum In den Baumwipfeln des Nebelwalds
Systematik Unterordnung Leguanartige, Fam. *Phrynosomatidae*
Größe Männchen 20 cm Gesamtlänge, die Weibchen bleiben deutlich kleiner.
Haltung Haremshaltung: ein Männchen und mehrere Weibchen. Die Männchen sind sehr territorial. Beckengröße (Paar) 80 × 60 × 80 cm (L/B/H). Temperatur tagsüber 25–27 °C, Nachtabsenkung unter 20 °C, Luftfeuchtigkeit 70 %, nachts 90 %, Sonnenplätze bis 35 °C. UV-Bestrahlung, Verstecke in Bromelien. Lebhaft, braucht viele Klettermöglichkeiten.
Ernährung Heimchen, Fliegen, Wachsmaden, selten Blüten
Zucht Einfach, die Jungen kommen lebend zur Welt.
Besonderheiten Hohe Luftfeuchtigkeit und nächtliche Abkühlung sind entscheidend; keine Dauertemperaturen über 30 °C.

Basiliscus plumifrons

Stirnlappenbasilisk

Verbreitung Mittelamerika
Lebensraum Bäume in Wassernähe
Systematik Familie *Corytophanidae*
Größe Männchen 27 cm Kopfrumpflänge, 80 cm Gesamtlänge, die Weibchen bleiben kleiner.
Haltung Paar- oder Haremshaltung. Beckengröße (Paar) 200 × 80 × 200 cm (L/B/H). Temperatur am Tag 28–32 °C, in der Nacht 20–22 °C, Luftfeuchtigkeit 60–70 %, nachts 80–90 %, Sonnenplätze bis 35 °C. Schwimmt und taucht sehr gut und kann mit den verbreiterten Zehen sogar eine Strecke weit übers Wasser laufen. *Basiliscus plumifrons* ist sehr schreckhaft.
Ernährung Insekten, Schnecken, Regenwürmer, Echsen, Fische
Zucht Mehrmals jährlich bis zu 15 Eier
Besonderheiten Nur die Männchen besitzen das bis 5 cm hohe Rückensegel und den hohen Stirnlappen.

Acanthosaura capra

Grüner Nackenstachler

Verbreitung Vietnam, Kambodscha, Laos
Lebensraum Baumbewohner, klettert am Stamm
Systematik Familie Agamen *(Agamidae)*
Größe Männchen bis 30 cm Gesamtlänge, Weibchen kleiner
Haltung Paarhaltung. Beckengröße (Paar) 120 × 60 × 120 cm (L/B/H). Temperatur tagsüber 24–25 °C, Abkühlung in der Nacht auf 20 °C. Höhere Temperaturen werden nicht vertragen. Luftfeuchtigkeit 60–70 %, nachts 80–90 %. Im Winter Temperatur auf 18 °C absenken. Sehr ruhig, verharrt oft stundenlang an einer Stelle. Einfache Pflege.
Ernährung Heimchen, Grillen, Wachsmaden, Fliegen, Nacktschnecken, Regenwürmer
Zucht Das Weibchen legt ein- bis zweimal jährlich 8–12 Eier.
Besonderheiten Kann im Sommer frei im Zimmer gehalten werden, wenn die Gefahr des Entweichens ausgeschlossen ist.

Furcifer pardalis

Pantherchamäleon

Verbreitung Madagaskar
Lebensraum Bäume und Sträucher der Feuchtgebiete
Systematik Familie Chamäleons *(Chamaeleonidae)*
Größe Männchen bis 55 cm Gesamtlänge, Weibchen bis 35 cm
Haltung Einzelhaltung, sonst Verluste durch Stress. Becken 120 × 80 × 150 cm (L/B/H). Temperatur 25–28 °C, nachts 18–22 °C, Luftfeuchtigkeit 60–70 %, nachts 80–90 %, Sonnenplätze 35 °C, viel Licht und UV. Wächst schnell, Vitamin-Mineralstoffpräparate wichtig. Trinkt viel, am besten sprühen und ausgiebig tränken.
Ernährung Heimchen, Grillen, Heuschrecken, Schaben
Zucht Sehr schwierig. Mehrmals jährlich bis 40 Eier, die oft über 200 Tage liegen. Weibchen längere Legepausen gönnen.
Besonderheiten So genanntes »Anfänger-Chamäleon«, trotzdem ist die Haltung nicht ganz einfach. Schutzstatus WA II, Anhang B.

Phelsuma madagascariensis grandis

Großer Madagaskar-Taggecko

Verbreitung Nordmadagaskar
Lebensraum Lebt als Kulturfolger in Gärten und Plantagen.
Systematik Familie Geckos *(Gekkonidae)*
Größe Männchen im Durchschnitt 25 cm, selten bis 33 cm Gesamtlänge, Weibchen 23 cm
Haltung Paarhaltung. Beckengröße (Paar) 100 × 80 × 120 cm (L/B/H). Temperatur tagsüber 25–30 °C, nachts 19–22 °C, Luftfeuchtigkeit 60–70 %, nachts 80–90 %, Sonnenplätze bis 35 °C, Winterruhe bei 18 °C. UV-Bestrahlung, viele Versteckplätze, Bambusröhren. Männchen zum Teil sehr aggressiv gegenüber dem Weibchen. Sehr zahm, frisst aus der Hand.
Ernährung Insekten, Fruchtbrei, Obst, Honig
Zucht Einfach. Mehrmals jährlich 1–2 Eier.
Besonderheiten Freie Haltung im Zimmer möglich, wenn ein Entweichen ausgeschlossen ist. Schutzstatus WA II, Anhang B.

Phelsuma quadriocellata

Augenfleck-Taggecko

Verbreitung Östliches Madagaskar
Lebensraum Auf Bananenstauden
Systematik Familie Geckos *(Gekkonidae)*
Größe Je nach Unterart Männchen 3,5–6 cm Kopfrumpflänge und 8–13 cm Gesamtlänge, Weibchen bleiben etwas kleiner.
Haltung Paar- oder Haremshaltung. Beckengröße (Paar) 80 × 60 × 80 cm (L/B/H). Temperatur am Tag 25–28 °C, nachts 20 °C, Luftfeuchtigkeit am Tag 60–70 %, nachts 80–90 %, Sonnenplätze bis 35 °C, im Winter Temperatur auf 18 °C absenken. UV-Bestrahlung. Nicht alle Tiere vertragen sich gut, daher sind viele Verstecke und mehrere Sonnenplätze wichtig. Bambusröhren.
Ernährung Kleinere Insekten, Fruchtbrei, Obst, Honig
Zucht Einfach. Mehrmals jährlich 1–2 Eier.
Besonderheiten Freie Haltung im Zimmer möglich, wenn ein Entweichen ausgeschlossen ist. Schutzstatus WA II, Anhang B.

Boa constrictor

Abgottschlange

Verbreitung Mittel- und Südamerika
Lebensraum Auf Bäumen und am Boden tropischer Wälder
Systematik Familie Riesenschlangen *(Boidae)*
Größe Meist bis 300 cm, selten 400 cm
Haltung Terrarium einfach einrichten, da die Boa sehr schwer werden kann und dann das Inventar beschädigt. Beckengröße (Paar) 300 × 100 × 200 cm (L/B/H). Temperatur 22–28 °C, nachts 20–22 °C, Luftfeuchtigkeit 60–70 %, nachts 70–80 %, Sonnenplatz bis 30 °C, gut verankerter Kletterbaum. Badet gern, Wassertemperatur im Badebecken 23 °C. Dämmerungs- und nachtaktiv. Große Tiere meist am Boden.
Ernährung Mäuse, Ratten, Meerschweinchen, Geflügel
Zucht Junge schlüpfen bei Geburt aus Eihülle (Ovoviviparie).
Besonderheiten Schutzstatus WA II, Anhang B. Unterart *Boa constrictor occidentalis:* Schutzstatus WA I (streng geschützt).

Pantherophis guttatus

Kornnatter

Verbreitung Östliche USA
Lebensraum Laub- und Nadelwälder, Busch- und Grasland
Systematik Familie Nattern *(Colubridae)*
Größe 120 cm, selten bis 180 cm
Haltung Halbfeuchtes Terrarium. Beckengröße 120 × 60 × 100 cm (L/B/H). Temperatur tagsüber 22–28 °C, nachts 22–28 °C, Luftfeuchtigkeit 50–60 %, nachts leicht erhöht, Sonnenplätze bis 30 °C, dreimonatige Winterruhe bei 12–15 °C. UV-Bestrahlung und viele Klettermöglichkeiten. Großes Badebecken, Wassertemperatur 22 °C. Tagaktiv.
Ernährung Mäuse und Ratten
Zucht Sehr einfach. Zwei- bis dreimal pro Jahr 10–20 Eier. Das Weibchen kann Sperma speichern und nach einer Paarung mehrere befruchtete Gelege produzieren.
Besonderheiten Viele Farbzüchtungen; sehr beliebt und teuer.

Das Aquaterrarium

Das Aquaterrarium vereint zwei sehr unterschiedliche Lebensbereiche und ist die Heimat außergewöhnlicher Tierarten, die sich der Übergangszone von Land und Wasser angepasst haben. Der faszinierende Blick in eine bizarre Welt entschädigt für den relativ hohen technischen Aufwand.

Zu Hause in zwei Welten

Kennzeichnend für ein Aquaterrarium ist der Übergangsbereich zwischen Wasser und Land. Seine Bewohner sind gleichermaßen auf das feuchte und das trockene Element angewiesen.

Anspruchsvoll und aufwendig

Die Kombination eines Wasser- und Landteils in einem Becken erfordert im Vergleich zum normalen Terrarium einen erheblichen technischen Mehraufwand. Über die Standard-Terrarientechnik hinaus kommt eine Reihe aquaristischer Geräte zum Einsatz, die allein schon vom Platzbedarf dafür sorgen, dass das Aquaterrarium eine Mindestgröße nicht unterschreiten kann, was sich auch im finanziellen Mehraufwand niederschlägt. Wer mit einem Aquaterrarium liebäugelt, sollte sich über die nötigen Investitionen für zusätzliche Filter und Heizungen im Klaren sein. Zeitaufwendig gestaltet sich der Pflegedienst mit regelmäßigen Wasserwechseln, Wartung der Filter und Scheibenreinigung. Versorgung und Betreuung verlangen Engagement, Zeit und Erfahrung.

Tiere und Pflanzen

Die Tiere dieser Übergangszone flüchten bei Gefahr ins Wasser und suchen hier auch nach Futter. Bei den Amphibien findet die gesamte Entwicklung vom Ei bis zum fertigen Tier im Wasser statt, die Reptilien vergraben ihre Eier in Wassernähe. Amphibien nehmen Feuchtigkeit über die Haut auf und gehen dazu ins Wasser. Ohne diese Möglichkeit trocknen sie sehr schnell aus. Vor allem Schildkröten haben einen regen Stoffwechsel und koten ins Wasser, während Amphibien die Giftstoffe aus ihrer Haut ins Wasser abgeben. Wasserpflege spielt daher im Aquaterrarium eine entscheidende Rolle.

Terrarientypen und Technik

Für den Wasserteil des Aquaterrariums kommt als Baustoff nur Glas in Frage, für den Terrarienbereich eignet sich auch Holz, das wegen der hohen Luftfeuchtigkeit aber gut versiegelt sein muss. Es gibt mehrere unterschiedliche Terrarientypen mit jeweils eigenständigen Konstruktionsmerkmalen. Hier werden drei Basistypen vorgestellt, von denen jeder für sich reizvoll ist. Die Übergänge zwischen den Konstruktionsformen sind fließend. Die Entscheidung für einen bestimmten Typ ist abhängig von den Ansprüchen der Bewohner.

Basistypen

Terrarium auf dem Aquarium Ein Aquarium wird nach oben erweitert, seine Rückwand ist bepflanzt. Hier können Reptilien und Amphibien gehalten werden, die ständig im Wasser leben oder keine Mühe haben, um an Land zu klettern. Einen flachen Landteil gibt es nicht, der trockene Bereich beschränkt sich auf die bepflanzte Rückwand. Wenn in diesem Becken ausschließlich im Wasser lebende Tiere untergebracht werden, kann man auf die Frontscheibe verzichten.

Hier fühlen sich Schildkröten besonders wohl.

Aquarium im Terrarium Zwei Konstruktionswege: entweder ein Terrarium in den Beckenboden einlassen oder ein flaches Aquarium in ein vorhandenes Terrarium stellen. Diese Bauformen eignen sich besonders für Bewohner, die einen flachen Ausstieg und einen relativ großen Landteil brauchen.

Aquarium mit Insel Eine nicht zu kleine Insel im Aquarium dient den Tieren als Ruheplatz. Der Ausstieg aus dem Wasser muss auch bei wechselndem Wasserstand möglich sein.

Filter und Heizung

› Innenfilter: wird im Wasserteil installiert, kleines Filtervolumen und relativ geringe Leistung.

› Außenfilter: außerhalb des Beckens, oft mit mehreren Filterkammern, effektiv und leicht zu reinigen.

› UV-Filter: wird dem Außenfilter nachgeschaltet. Der UV-Filter tötet Krankheitskeime ab und sorgt für klares Wasser.

› Stabheizung: Für Tropentiere muss das Wasser 20–25 °C warm sein. Die Stabheizung besteht aus Glas und wird im Wasserteil angebracht. Das birgt die Gefahr, dass größere Bewohner sie beschädigen und das Wasser unter Strom gesetzt wird. Der Glasstabheizer muss daher geschützt werden, zum Beispiel durch Einbau in ein Plastikrohr. Sicherer, aber auch teurer sind Modelle aus Edelstahl.

› Heizung im Außenfilter: Größere Außenfilter besitzen zum Teil eine eingebaute Heizung. Das ist die sicherste und eleganteste Methode, um das Wasser zu filtern und gleichzeitig aufzuwärmen.

Aquaterrarium für Einsteiger

TIPPS VOM TERRARIEN-EXPERTEN
Manfred Au

WASSERWECHSEL Auch bei bester Filterung muss das Wasser regelmäßig gewechselt werden. Wasserpflanzen helfen, die Schadstoffbelastung des Wassers zu reduzieren.

TEMPERATUR Die Wassertemperatur in einem Aquaterrarium muss grundsätzlich niedriger sein als die Temperatur der Luft, da sich die Tiere sonst eine Lungenentzündung holen können.

WASSERTEIL Je größer der Wasserteil ist, desto stabiler sind die Wasserverhältnisse, und das Wasser muss seltener gewechselt werden.

LANDGANG Für Tiere, die nicht ständig im Wasser leben, sind sichere, nicht zu steile Ausstiege und flache Wasserbereiche wichtig.

FRISCHLUFT Eine milde Lüftung verhindert, dass die Scheiben beschlagen und der Landteil zu feucht ist. Ideal: Frischluftzufuhr unterhalb und Austrittsöffnungen über der Frontscheibe.

WÄRME Wärmestrahler über dem Landteil sorgen dafür, dass die Tiere nach dem Aufenthalt im Wasser schnell ihre Vorzugstemperatur erreichen.

Einrichtung und Reinigung

Die Einrichtungsgegenstände für den Wasserteil dürfen nicht faulen oder Schadstoffe ins Wasser abgeben; die Einrichtung des Landteils muss zumindest feuchtigkeitsresistent sein.

Rückwand

Wenn die Rückwand des Aquaterrariums über die gesamte Fläche bis zum Wasserteil geht, muss sie auch auf Dauer wasserfest sein. Der Fachhandel bietet geeignete Modelle aus Kunststoff an. Alternativ kann man zwei getrennte Rückwände für den trockenen und den Feuchtbereich anbringen. Vergessen Sie beim Selbstbau bitte nicht, ausschließlich ungiftige Materialien und Lacke zu verwenden, die sich bei Kontakt mit Wasser nicht auflösen oder Inhaltsstoffe freisetzen.

Bodengrund

Der Bodengrund des Landteils im Terrarium richtet sich nach dem Lebensraumtyp, den man nachbauen möchte, und den zukünftigen Bewohnern. Mit einer möglichst hohen Drainage-Schicht aus Kies verhindert man zuverlässig, dass der Boden des Landteils zu nass wird. Im Wasserbecken gibt es keinen Bodengrund. Er würde Reinigungsarbeiten übermäßig erschweren und einen eventuell vorhandenen Abfluss schnell verstopfen.

Wasseragamen halten sich meist direkt am Wasser auf, um bei Gefahr sofort abtauchen zu können (oben).

Fische und Pflanzen nur einsetzen, wenn Amphibien und Reptilien sie nicht als Futter betrachten (unten).

Bepflanzung

Wer in seinem Aquaterrarium größere und Pflanzen fressende Bewohner wie etwa Wasserschildkröten unterbringt, muss sich bei der Auswahl der Pflanzen zwangsläufig einschränken. Auf Dauer können im Wasserteil nur robuste und anspruchslose, in Kunststofftöpfe eingepflanzte oder auf Wurzeln aufgebundene Arten verwendet werden. Für Vitalität und Wachstum der Pflanzen ist eine ausreichende Beleuchtung wichtig. Einige Landpflanzen bilden Luftwurzeln, die sehr dekorativ aussehen und in den Wasserteil hineinwachsen können. Darüber hinaus entziehen sie dem Wasser giftige Nährstoffe und stabilisieren damit die Wasserqualität. Amphibien schädigen die Pflanzenwelt im Becken kaum.

Viele Wasserschildkröten schädigen die Pflanzen. Das Aquaterrarium muss daher unerreichbar für die Tiere über dem Wasserteil bepflanzt werden.

Wurzeln

Wurzeln sind ideale Dekorationsobjekte für den Wasserteil. Empfehlenswert ist Moorkienholz, während viele andere Holzarten faulen und das Wasser verfärben. Die Wurzeln dürfen die freie Wasserfläche für schwimmfreudige Bewohner nicht zu stark einengen und sollten zur Reinigung des Wasserteils aus dem Becken genommen werden können.

Eiablageplatz

Auch im Wasser lebende Reptilien legen ihre Eier an Land ab. Für sie muss der Landteil so groß sein, dass sie geeignete Plätze für die Eiablage finden können. Besteht die Möglichkeit nicht, werden die Eier ins Wasser gelegt oder es kann zur Legenot und zum Verlust der Tiere kommen.

Thermometer

Die Wassertemperatur muss regelmäßig kontrolliert werden. Im Wasser schwimmende Glasthermometer können zerbrechen und stellen dann eine Gefahr für die Tiere dar. Ungefährlich und ausreichend genau sind Thermometer, die von außen an die Terrarienscheibe geklebt werden.

Tipps zur Reinigung

› Freie Sicht: Die Ausscheidungen der Wasserbewohner sorgen dafür, dass sich im Wasser sehr schnell Nährstoffe ansammeln, die das Wachstum von Algen begünstigen. Vor jedem Wasserwechsel sollte man daher die Scheiben mit einem Scheibenreiniger (Fachhandel) vom Algenbelag befreien.

› Filterreinigung: Die Filter setzen sich im Laufe der Zeit zu; entweder verringert sich der Durchfluss des Wassers oder es wird nicht mehr ausreichend gesäubert. Für die Entgiftung der Nährstoffe im Filter sind Bakterien zuständig. Bei der Reinigung darf daher nie die gesamte Filtermasse ersetzt werden, um nicht den Bestand an Bakterien zu zerstören.

Bombina orientalis
Chinesische Rotbauchunke

Verbreitung Nordostchina, Korea, Ostsibirien **Lebensraum** In Gewässernähe **Systematik** Familie Unken *(Bombinatoridae)* **Größe** Kopfrumpflänge Weibchen bis 6 cm, Männchen deutlich kleiner **Haltung** Terrarium mit ⅔ Wasser und ⅓ Land. Beckengröße (3–4 Tiere) 60 × 40 × 40 cm (L/B/H). Temperatur 22–25 °C, nachts 18–20 °C, Wasser 22–24 °C, Winterruhe 6 Wochen bei 5 °C. Braucht trockene Sonnenplätze. Gefräßig und streitsüchtig. **Ernährung** Heimchen, kleine Regenwürmer, Nacktschnecken **Zucht** Ein- bis zweimal pro Jahr 8–12 Eier

Ambystoma mexicanum
Axolotl

Verbreitung See in Mexiko-City **Lebensraum** Wasserbewohner **Systematik** Familie Querzahnmolche *(Ambystomatidae)* **Größe** Kopfrumpflänge 14 cm, gesamt 30 cm **Haltung** Nur im Wasser. Beckengröße (Paar) 80 × 40 × 40 cm (L/B/H). Wassertemperatur 18–25 °C, Dauertemperaturen über 25 °C werden schlecht vertragen. **Ernährung** Krebse, Garnelen, Regenwürmer, Frost- und Fischfutter, Fische **Zucht** Geschlechtsreif mit 10–15 Monaten, Männchen legt Spermapaket ab, 100–800 Eier an Wasserpflanzen. **Besonderheiten** Schutzstatus WA II, Anhang B

Thamnophis sirtalis
Strumpfbandnatter

Verbreitung Alaska bis Mexiko **Lebensraum** Feuchtbiotope, Bäche, Flüsse, Seen **Systematik** Familie Nattern *(Colubridae)* **Größe** Männchen bis 60 cm, Weibchen bis 120 cm **Haltung** Vorwiegend landlebend, Terrarium mit ⅔ Land und ⅓ Wasser. Beckengröße (Paar) 150 × 80 × 80 cm (L/B/H). Temperatur 25–30 °C, nachts Heizung abstellen, Wasser 22–24 °C, Sonnenplätze bis 35 °C, Winterruhe 2–3 Monate bei 10–15 °C, UV-Bestrahlung, Klettermöglichkeiten. **Ernährung** Regenwürmer, Schnecken, nestjunge Mäuse, Fische **Zucht** Lebendgebärend

Trachemys scripta elegans

Rotwangen-Schmuckschildkröte

Verbreitung Mittlere und östliche USA **Lebensraum** Stehende und langsam fließende Gewässer mit Schlamm **Systematik** Familie Neuweltsumpfschildkröten *(Emydidae)* **Größe** Weibchen bis 35 cm, Männchen bis 25 cm **Haltung** Großer Wasserteil. Beckengröße (Paar) 200 × 80 cm (L/B). Temperatur 25 °C, Winterruhe mind. 3 Monate bei 5–10 °C. Sonnenbäder, UV-Bestrahlung. **Ernährung** Jungtiere: Insekten, Regenwürmer, etwas Grünfutter; Erwachsene: vorwiegend Grünfutter **Zucht** Mehrere Gelege pro Jahr **Besonderheiten** EU-Artenschutzverordnung, Anhang B

Kinosternon odoratum

Gewöhnliche Moschusschildkröte

Verbreitung Östliche USA **Lebensraum** Stehende und langsam fließende Gewässer mit Schlamm **Systematik** Familie Schlammschildkröten *(Kinosternidae)* **Größe** Weibchen bis 14 cm, Männchen kleiner **Haltung** Paar- oder Haremshaltung. Beckengröße (Paar) 80 × 40 cm (L/B). Temperatur 25 °C, 3 Monate Winterruhe bei 5–10 °C. In freier Natur dämmerungs- und nachtaktiv, im Terrarium tagaktiv. Untereinander oft unverträglich. **Ernährung** Insekten, Garnelen, Rinderherz, Pellets **Zucht** 6–7 Gelege pro Jahr **Besonderheiten** Kann über 50 Jahre alt werden.

Emydura subglobosa

Rotbauch-Spitzkopfschildkröte

Verbreitung Norden Australiens und südliches Neu-Guinea **Lebensraum** Tropische Flüsse **Systematik** Familie Schlangenhalsschildkröten *(Chelidae)* **Größe** Weibchen 25 cm, Männchen 20 cm **Haltung** Braucht großen Wasserbereich. Beckengröße 200 × 80 cm (L/B). Temperatur 28–30 °C im Sommer (auch Freilandhaltung), andere Monate 22 °C. Eiablageplatz, Sonnenplätze, UV-Bestrahlung. **Ernährung** Insekten, Schnecken, Regenwürmer, Garnelen, Pellets und ein Drittel Obst wie Bananen, Trauben, Kiwi **Zucht** Mehrere Gelege im Jahr mit bis zu 20 Eiern

Die **halbfett** gesetzten Seitenzahlen verweisen auf Abbildungen, U = Umschlag, UK = Umschlagklappe.

Adressen

Verbände/Vereine

› Deutsche Gesellschaft für Herpetologie und Terrarienkunde e. V. (DGHT), Postfach 1421, 53351 Rheinbach, Tel. 0 22 25-70 33 33, www.dght.de

› Verband Deutscher Vereine für Aquarien- und Terrarienkunde e. V. (VDA), Geschäftsstelle: Hans Stiller, Luxemburger Straße 16, 44789 Bochum, Tel. 02 34-38 16 50, www.vda-online.de

› Bundesverband für fachgerechten Natur- und Artenschutz e. V.(BNA), Ostendstraße 4, 76707 Hambrücken, Tel. 0 72 55-28 00. www.bna-ev.de

› Österreichische Gesellschaft für Herpetologie (ÖGH), c/o Naturhistorisches Museum Wien, Herpetologische Sammlung, Burgring 7, 1010 Wien, www.nhm-wien.ac.at/nhm/herpet/index.htm

Wichtiger **Hinweis**

› Krankheiten Einige Krankheiten von Amphibien und Reptilien sind für Menschen ansteckend. Nach Kontakt mit den Tieren und Arbeiten am Terrarium bitte immer gut die Hände waschen.

› Gesundheitscheck Lassen Sie den Gesundheitszustand Ihrer Tiere regelmäßig von einem Tierarzt kontrollieren.

› Elektrogeräte Elektrische Geräte und Leitungen stellen immer ein Risiko dar. Alle Geräte müssen ein TÜV-Prüfzeichen besitzen. Defekte Geräte umgehend austauschen.

Fragen zur Haltung beantworten

Ihr Zoofachhändler und der Zentralverband Zoologischer Fachbetriebe Deutschlands e. V.(ZZF), Tel. 06 11-44 75 53 32 (nur telefonische Auskunft möglich: Mo 12–16 Uhr und Do 8–12 Uhr), www.zzf.de

Terrarientiere im Internet

› **www.dght.de/ag/einsteiger/einsteiger.htm** Informationsseiten für Einsteiger in die Terraristik

› **www.ig-phelsuma.de** Interessengruppe Phelsuma (Taggeckos)

› **www.dendrobase.de** Infos über Dendrobatidae (Pfeilgiftfrösche)

› **www.agamen.de** Homepage zu Agamen, Leguanen, Eidechsen und anderen Reptilien

› **www.HC-Terrarien.de** Terrarienbau. HCR-Terrarien, Hoppe Concept, Goetheweg 2c, 41469 Neuss, E-Mail: info@HC-Terrarien.de

Bücher

› Bruse, F., Meyer, M., Schmidt, F.: Praxisratgeber Futtertiere. Chimaira Verlag, Frankfurt

› Drewes, O.: Terrarientiere von A bis Z. Gräfe und Unzer Verlag, München

› Henkel, F.-W., Schmidt, W.: Tropische Wälder als Lebensraum für Amphibien und Reptilien. Chimaira Verlag, Frankfurt

› Jes, H.: Echsen. Gräfe und Unzer Verlag, München

› Köhler, G.: Inkubation von Reptilieneiern. Herpeton Verlag, Offenbach

› Köhler, G.: Krankheiten der Amphibien und Reptilien. Ulmer Verlag, Stuttgart

› Mergus von, H.-J. H.: Terrarienatlas, Mergus-Verlag, Melle

› Sauer, K., Steck, B., Schuchart, H., Horn, H. G.: Vivarienbeleuchtung. Chimaira Verlag, Frankfurt

› Wilms, T.: Terrarieneinrichtung. Natur- und Tier-Verlag GmbH, Münster

Zeitschriften

› REPTILIA und DRACO. Natur- und Tier-Verlag GmbH, Münster, www.ms-verlag.de

› Salamandra und elaphe. Zeitschriften für Herpetologie und Terrarienkunde. Herausgegeben von der DGHT (→ Adressen)

› RADIATA. Zeitschrift der AG Schildkröten der Deutschen Gesellschaft für Herpetologie und Terrarienkunde (→ Adressen)

Dank

Verlag, Autor und Fotografin danken **Michaela** und **Friedhelm Steffen**, Fressnapf Warburg; **Frank Hose**, Zoohaus-Süd, Kassel; **TerraReptica**, Karlsruhe; **Jürgen Brucker**, Freiburg; **Naturkundemuseum Karlsruhe**; **Reptilien-Hoch**, Waldkirch; **Reptiles Paradise**, Teningen; **HC-Terrarien**, Kaiserslautern; **Vitus Zoo-Teich**, Kaiserslautern; **AquaTerraPoint**, Berglen-Steinach; **AquaTerraShop**, Hanau-Großauheim; **Terra-Worx Terraristik**, Backnang.

Freude am Tier

Die neuen Tierratgeber – da steckt mehr drin

ISBN 978-3-8338-1164-7
64 Seiten

ISBN 978-3-8338-0524-0
64 Seiten

ISBN 978-3-8338-1196-8
64 Seiten

Preis je Band: 7,90 €

ISBN 978-3-8338-0594-3
64 Seiten

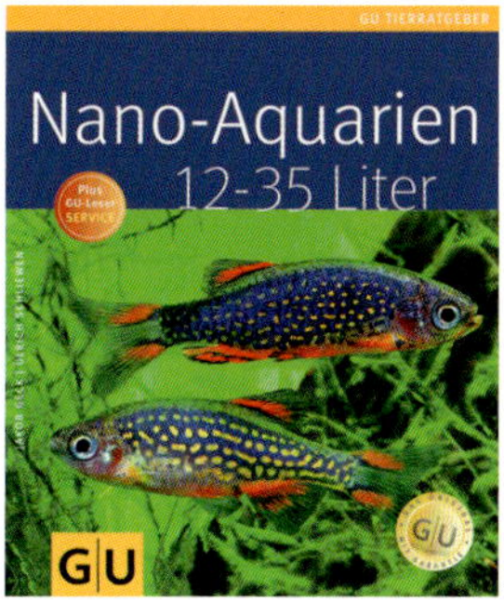

ISBN 978-3-8338-1269-9
64 Seiten

ISBN 978-3-8338-0526-4
64 Seiten

Das macht sie so besonders:

Praxiswissen kompakt – vermittelt von GU-Tierexperten

Praktische Klappen – alle Infos auf einen Blick

Die 10 GU-Erfolgstipps – so fühlt sich Ihr Tier wohl

GU

Willkommen im Leben.

Unsere Garantie

Alle Informationen in diesem Ratgeber sind sorgfältig und gewissenhaft geprüft. Sollte dennoch einmal ein Fehler enthalten sein, schicken Sie uns das Buch mit dem entsprechenden Hinweis an unseren Leserservice zurück. Wir tauschen Ihnen den GU-Ratgeber gegen einen anderen zum gleichen oder ähnlichen Thema um.

Liebe Leserin und lieber Leser,

wir freuen uns, dass Sie sich für ein GU-Buch entschieden haben. Mit Ihrem Kauf setzen Sie auf die Qualität, Kompetenz und Aktualität unserer Ratgeber. Dafür sagen wir Danke! Wir wollen als führender Ratgeberverlag noch besser werden. Daher ist uns Ihre Meinung wichtig. Bitte senden Sie uns Ihre Anregungen, Ihre Kritik oder Ihr Lob zu unseren Büchern. Haben Sie Fragen oder benötigen Sie weiteren Rat zum Thema? Wir freuen uns auf Ihre Nachricht!

Wir sind für Sie da!
Montag – Donnerstag: 8.00 – 18.00 Uhr;
Freitag: 8.00 – 16.00 Uhr
Tel.: 0180-5005054*
Fax: 0180-5012054*
*(0,14 €/Min. aus dem dt. Festnetz/Mobilfunkpreise können abweichen.)
E-Mail:
leserservice@graefe-und-unzer.de

P.S.: Wollen Sie noch mehr Aktuelles von GU wissen, dann abonnieren Sie doch unseren kostenlosen GU-Online-Newsletter und/oder unsere kostenlosen Kundenmagazine.

GRÄFE UND UNZER VERLAG
Leserservice
Postfach 86 03 13
81630 München

Programmleitung: Christof Klocker
Leitende Redaktion: Anita Zellner
Redaktion: Nadja Harzdorf
Lektorat: Gerd Ludwig
Bildredaktion: Adriane Andreas
Umschlaggestaltung und Layout: independent Medien-Design, München
Herstellung: Claudia Labahn
Satz: Uhl + Massopust, Aalen
Reproduktion: Longo AG, Bozen
Druck: Firmengruppe APPL, aprinta druck, Wemding
Bindung: Firmengruppe APPL, sellier druck, Freising

Printed in Germany

ISBN 978-3-8338-1168-5

1. Auflage 2008

Ein Unternehmen der
GANSKE VERLAGSGRUPPE

Der Autor

Manfred Au ist seit fast 30 Jahren Terrarianer. Als einer der ersten in Deutschland züchtete er regelmäßig verschiedene Arten der Bartagamen und des Dreihornchamäleons. Die Schwerpunkte seiner züchterischen Tätigkeit bildeten australische Skinke und Geckos, Anolis, Phelsumen, Chamäleons und Warane. Heute begeistert sich Manfred Au besonders für die australischen und neukaledonischen Geckos.

Die Fotografin

Christine Steimer ist freie Fotografin und hat sich auf Heimtierfotografie spezialisiert. Sie arbeitet für internationale Buchverlage, Fachzeitschriften und Werbeagenturen. Alle Fotos in diesem Buch stammen von Christine Steimer mit Ausnahme von: **Animals-Digital/Thomas Brodmann:** 42, 48-2; **Arco-Images:** 49-2; **Manfred Au:** 21-3, 28-1, 28-2, 29-1, 29-2, 29-3, 29-4, **David Fischer:** 32; **HC-Terrarien/Reiner Hoppe:** 18, 21-2, 30, 35-2; **Hippocampus/Frank Teigler:** 56-1, 56-2; **Andreas Hartl:** 58-2, 59-2; **Heinz Schmidbauer:** 52, 57.